高手布局

羽林 著

苏州新闻出版集团
古吴轩出版社

图书在版编目（CIP）数据

高手布局 / 羽林著. -- 苏州：古吴轩出版社，2024.3（2024.10重印）

ISBN 978-7-5546-2304-6

Ⅰ．①高… Ⅱ．①羽… Ⅲ．①成功心理－通俗读物 Ⅳ．①B848.4-49

中国国家版本馆CIP数据核字（2024）第018419号

责任编辑：俞　都
见习编辑：万海娟
策　　划：汲鑫欣
特约编辑：杨晓静
装帧设计：刘红刚

书　　名：高手布局
著　　者：羽　林
出版发行：苏州新闻出版集团
　　　　　古吴轩出版社
　　　　　地址：苏州市八达街118号苏州新闻大厦30F
　　　　　电话：0512-65233679　　邮编：215123
出 版 人：王乐飞
印　　刷：水印书香（唐山）印刷有限公司
开　　本：670mm×950mm　　1/16
印　　张：14
字　　数：144千字
版　　次：2024年3月第1版
印　　次：2024年10月第2次印刷
书　　号：ISBN 978-7-5546-2304-6
定　　价：56.00元

如有印装质量问题，请与印刷厂联系。010-89565680

前言

　　《旧唐书·魏徵传》中说："以史为镜，可以知兴替；以人为镜，可以明得失。"的确，历史是最好的教科书。我们在阅读一个个经典历史故事时，也是在与那些才智高绝的古人进行跨越时空的对话。他们用自己的生命在那些风云激荡的历史时期书写了一篇篇令人赞叹不已的真实人生故事，展现了他们的人生追求、悲悯情怀、练达睿智和对人际关系的精准把握……我们既对他们在种种艰难境遇中做出的辉煌事业敬佩不已，也能从他们的真实人生历程中得到许多宝贵的启示。无论是对人性的把握，还是为理想而奋斗所进行的筹谋布局，乃至与竞争对手的博弈，他们的许多事迹都令我们受益匪浅。

北宋时期著名文学家、政治家尹洙在《叙燕》中说："制敌在谋不在众。"意思就是无论我们是在金戈铁马的沙场上与敌人战斗，还是在商海中与同行竞争，取胜的关键是智慧而非人多势众。这充分说明了智慧和韬略的重要性。如今，我们身处科技飞速发展、经济高度发达的时代，但是古人在人性方面的真知灼见仍能为我们所用。所以，我们要想成为如历史上那些名臣良将般的高人，就少不了多翻看他们的事迹，多聆听他们的智慧名言。

从人生的追求来说，那些在历史上建树了不朽功勋的豪杰们大都怀着一颗悲天悯人、为万世开太平的心，从而能在崎岖黑暗的道路上摸索前进，最终在以梦为马的奋斗中取得成功。本书中的唐太宗李世民就是很好的例子。他为了开创一个太平盛世，可以放下自己的脸面、收敛自己的脾气，真正做到了从善如流，从而缔造出一个辉煌的大唐帝国。

俗话说："人生不如意之事十有八九。"那些青史留名之人大多经历了坎坷乃至悲惨的人生前半场，但他们是如何从绝望中崛起的呢？比如，本书就讲了成吉思汗是如何从被追杀的小部落首领的儿子拼搏成一位伟大的首领、军事家和政治家。这些人杰的人生经历充满了可贵的闪光点，我们若能从中吸取一二并应用之，必将受益终生。

作为普通人，我们既要承认现实，客观冷静地看待种种不如意之事，也要胸怀梦想，在这红尘俗世中修炼出强大的内心，在不动声色中运筹帷幄，让自己成为深受世人欢迎的"关键先生"，成为一位勇于挑战人生、敢于战胜困难的布局、解局高手。

第一章

超级高手：你有多大格局，
就能布多大的局

嬴政：以天下为棋盘，用尽七国英雄

在同样的平台上，有的人能创造辉煌无比的成就，有的人却碌碌无为，二者的差别就在于一个人是否敢于以梦为马，以大气魄、大格局去做事。

秦始皇嬴政，嬴姓，赵氏，是秦庄襄王与赵姬之子。他早年经历坎坷，但胸怀远大抱负，成年后将历代先祖的遗愿和自己的雄心结合，接连创造了一系列辉煌成就，成为名垂青史的千古一帝。

嬴政出生于公元前 259 年的赵国国都邯郸。他的父亲异人是秦国的王孙，即后来的秦庄襄王。当时，异人作为质子在赵国不能自由外出，每天过着被监视的生活。在大商人吕不韦的出谋划策下，异人改认父亲安国君的宠妃华阳夫人为母亲，并改名为子楚。此后，子楚得到了安国君的宠爱，并在吕不韦的帮助下，历经千难万险才得以逃回秦国。

而嬴政母子仍然在赵国过着东躲西藏、朝不保夕的日子，后来终于找到机会脱离险境，彼此相聚。在颠沛流离的生活中，年幼的嬴政目睹了乱世的悲惨，吃尽了苦头。几年之后，安国君和子楚先后成为秦国国王，二人又因暴疾而相继去世，留下了年仅十三岁的储君嬴政。仓促登基的少年嬴政并没有感受到成为国君的快乐，心中深深地思念着百般疼爱他的父亲。历经磨难的他深知自己肩负着秦国历代国主孜孜以求的目标，即国家富有、军队强大，击败赵国、楚国等与秦国为敌的老对手，扩大国家的势力范围。嬴政主动承担起这份责任的同时，心中也诞生了自己的梦想，即"横扫六国，一统宇内"，将数百年来纷争不已的天下归于大秦的国旗之下。但他当时年纪尚小，没有治国理政的能力，于是他听从母后的建议，由相国吕不韦与母后共理朝政，自己则边奋发学习，边熟悉政事。

在之后的几年时间中，年轻的嬴政飞速地成长，也目睹了母后赵姬的种种不法之事，尤其是赵姬与假太监嫪毐之间的秘密情事被逐渐散播出来，坊间议论纷纷。这种丑事令嬴政羞愤难当，但他仍然隐忍了下来，没有声张。这是因为当时国家大政的权柄并不在他手中，倘若此时发难，他很容易失去国君之位，理想难以实现。

几年时间转瞬即逝，二十一岁的嬴政到了接手国家政权的时候了。他于公元前238年率领文武百官在雍城的蕲年宫正式举行了声势浩大的冠礼，冠礼结束就代表他正式掌权。随后，嬴政将造反的嫪毐以及他和赵姬的私生子一同处死，并将赵姬关进深宫中囚禁，称永不相见。

这时，一位名叫茅焦的客卿却大胆站出来批评嬴政的做法。他说："我是来自齐国的茅焦，希望能够面见大王，谈下我对太后之事的看法。"

嬴政命使者告诉茅焦："那些劝说我的人都被处死了，你不害怕吗？"

茅焦坦然自若地说："我不怕死。我听说天上有二十八星宿，现在已有二十七个，我可以做第二十八个。"

嬴政非常生气，命下人在大殿之外烧一大锅热水，准备烹煮茅焦，然后命茅焦前来觐见。茅焦觐见后，对着嬴政恭敬施礼，说："忠心的大臣不会讲那些拍马屁的话，明事理的国君也不会做出与世俗规矩相悖的事情。现在大王的行为很荒唐，我必须讲出来，不然就是对大王的不尊重，且有负大王对臣子的厚望。"

茅焦继续说道："现在天下各国遵从秦国，秦国强大，是因为历代秦王英明有为。大王杀死了两个弟弟和嫪毐，已经有违传统伦理；你又将母亲关在深宫，这在大众看来是不孝；你还要杀掉进谏忠言的大臣，这是不明是非。你这样的行为怎么会令百姓们敬重呢？我真为你和秦国的未来忧心啊！希望大王厚葬忠臣并接回母亲，这样才不会有恶名，才能堂堂正正地统一天下！"

茅焦的一番话抓住了嬴政的内心，他没有因茅焦是客卿而慢待他，而是任命他为太傅，尊其为上卿，并马上认错，接回了母后赵姬。

嬴政掌握朝政之后，不拘一格吸纳人才为己所用。他不问人才的出身和来历，只要其才华横溢并忠心耿耿就敢大胆放手使用。他任命来自楚国上蔡的李斯为廷尉，这一职位位列九卿，是主管秦国最高司法机构的长官。又任命魏国人尉缭担任国尉（秦国主管军政的最高官职）一职。在这二人的谋划下，嬴政采取"离间六国，远交近攻"的策略，很快就开启了征战之路，他一统天下的理想也逐渐变为现实。秦国第一个灭掉的国家是实力弱小的韩国，从此便打开了通向诸国之路。

从公元前230年起，嬴政用十年时间灭掉了六国，结束了数百年战乱的战国时代，使天下重归一统，社会逐渐安定。但嬴政并没有止步于此，他派遣蒙恬率领大军北击匈奴；下令修筑长城，扩展了秦国北疆的领土范围；又派遣大军开赴南方，平定百越。

在征服天下之时，嬴政大胆任用了一大批良将，并给予其充分的信任和作战自由度，开创了一个辉煌的君臣和谐、齐心协力的时代。李信是秦国将领王贲麾下的一名得力助手，在征伐燕国的战争中，他作战勇猛，颇有韬略，率领军队追杀燕国君主，取得了丰硕的战果。最后，燕王喜不得不将太子丹处死以求自保。嬴政看到李信的战报后龙颜大悦，对其非常赞赏，屡屡提拔委以重任。后来，在进攻楚国时，嬴政命李信和蒙武二人率领二十万大军出征。令人始料不及的是，李信指挥失当，导致这次进攻大败而归，但嬴政并未过多责罚李信，而是认为自己识人用人大意，应负主要责任。嬴政的大度和担当令李信等将领感动万分，愈加拼死效忠。

在嬴政眼中，千军易得，一将难求，统一之路本就不会一帆风顺，不能苛求每次战争都取得胜利，只要能赢得臣子的信任和忠诚，区区一场战斗的失败是完全能承担得起的，这个成本值得他这么去做。

除了行军作战之外，嬴政在内政治理上也善于借用他人的智慧、大脑为自己的理想服务。顿弱是魏国大梁人，在游历至秦国时，其才华为嬴政所欣赏，被给予客卿的地位。当初嬴政得知顿弱来到咸阳之后，派使者前去召见，但顿弱拒绝了，说道："小臣是在秦国客居，并非秦国人，我和秦王相见时不愿行参拜之礼，不知秦王能否允许？若秦王不同意，那就不必再相见了。"

秦王嬴政得知顿弱的这番话后感到很惊奇，认为他能如此自傲，想必有真才实学，若真如此，那么能得到一位有才干的人的辅佐，可以不拘泥于这些礼数。随后，顿弱前去觐见嬴政，嬴政向其请教治国安邦之策，顿弱指出："这数百年来，天下诸国纷争，采取的不是合纵之策就是连横之策。在秦国的六大对手之中，唯有韩国和魏国最为重要。这是因为韩国地理位置至关重要，若兼并韩国则犹如扼住了全天下的致命咽喉部位，而魏国好比是这广阔天下的腹背要害之处。如果大王愿意拿出巨额资金让在下前去游说韩国和魏国等国的重臣，使他们心向秦国，那大王一统天下的愿望则可实现。"嬴政听后大为赞同，拿出万金任凭顿弱支配。

此后，顿弱在韩国、魏国和齐国之间频频奔走，收买了这三个国家的重要将领和官员，为秦军正面作战做出了有力的贡献，大大缩短了秦国统一六国的时间。

秦始皇嬴政在奔赴理想的征途中不拘泥于人才的国别、出身、地位等外在因素，以类似"掐尖儿"的方式给各国顶级人才提供了广阔的舞台，任其尽情挥洒才华。即使有的人对他不尊重或提出种种看似过分的要求，他也能大度地予以接纳。正是他拥有海纳百川的胸怀和极其明确的目标，才吸引了这么多良才猛将甘愿效死。同样都是国君，齐国、魏国、楚国等国的国君并没有如嬴政这般的理想和魄力，以至于远在边陲苦寒之地的秦国最终结束了战国乱世，开启了中国历史上的大一统时代。

刘邦：市井智慧也能通向帝王之路

> 有的人虽然出身寒微，但只要能拥有"虽是麻雀，也要有鸿鹄之志"的雄心，并与重情重义重实力的市井生存之道完美结合，也能做出一番不俗的成就。

提起刘邦，人们都知道他是中国历史上第一位由草根一跃成为开国皇帝的英雄。实际上刘邦的出身并非纯粹的平民百姓，他的祖上也曾有过辉煌的经历。据历史记载，他的曾祖父曾担任大夫一职，他的祖父担任过楚国丰邑令一职。在战乱频繁的战国末期，他的家族和无数贵族一样，在风云变幻的时局下落魄潦倒。到了刘邦的父亲刘煓那一代，刘家已经和寻常百姓家庭毫无两样。

刘煓有三个儿子，刘邦是其中的老三，因此也被称为"刘季"。

他出生于公元前 256 年的沛县丰邑中阳里（今属江苏丰县）。虽然刘家家道中落，但刘邦在父母及兄长的呵护下，在生活中并没有遭受多大苦难。他与勤恳劳作、为人朴实的哥哥们不同，从小就有着飞扬洒脱的个性，尤其崇拜英雄豪杰。青少年时期的他效仿游侠，在魏楚各地游历，还受到魏国信陵君魏无忌的门客张耳的欣赏，两人结为忘年之交。这段经历丰富了刘邦的见识，也在他的心灵中埋下了做英雄豪杰的种子。但是，在秦国逐渐吞并六国的时代背景下，身为平民的刘邦能得以苟活已然不易，即使心中怀有远大抱负，也没有有利的社会环境和明晰的实施步骤，以致在年近三十岁时仍然一事无成。

那时的刘邦唯一能拿得出手的是他出众的交际能力。他朋友众多，虽然他经常带着一帮小弟在沛丰之地寻欢作乐，但他们从来不做欺良压善之事，赢得了不少赞誉。长期与各路豪杰和县城小吏交往，使刘邦对社会有着远超常人的了解，也对人性有着深刻的把握，因此他成为当地"社会人"的带头大哥。很快，他凭着自己较广的人脉，谋得泗水亭亭长一职，主要负责辖区内的治安和民事事务，是当时最低级的官吏。刘邦并没有轻视这份工作，反而将其作为施展才华的平台。他利用这个职位与县城中的大小官员打成一片，成为当地富豪乡绅们的座上宾。他还将辖区内的事务打理得井井有条，受到百姓和上级的一致认同。这足以彰显他不俗的基层治理能力。

有一年，刘邦带领乡亲前往咸阳服徭役，在那里他有幸观看到秦始皇出行时的盛况。威严的秦始皇、华丽的仪仗和精锐的卫士散发出的气势深深地震撼了刘邦。他目送仪仗远去，心中不由得发出感慨："嗟乎，大丈夫当如此也！"

这句体现了刘邦内心真实想法的感叹，成为历史上最著名的励志名言之一。在无数向秦始皇跪拜的人中，能以卑微的身份发出如此豪言壮语的人寥寥无几。这也体现了刘邦不羁的性格和勇于追求梦想的胸怀与格局。

秦始皇驾崩后，各地纷纷起兵反抗秦朝的统治，重新燃起了烽火。刘邦也趁机揭竿而起，带领家乡民众组成了义军。他昔日的好友们也成为他的得力助手，如萧何、曹参、樊哙、夏侯婴、周勃等。他们在逐鹿中原的战争中忠心耿耿，追随刘邦南征北战，立下了汗马功劳。与其他义军相比，刘邦的核心团队大多出身布衣、小官吏及落魄贵族。刘邦并没有因他们的出身而轻慢，反而依据其才华放手使用，给这些人才以广阔的发挥空间。

萧何是刘邦早年的好友，一直担任沛县的主吏掾。他虽未担任过高级职位，但仍被刘邦委以重任，负责军队的后勤物资及后方管理工作。萧何展现出惊人的才华，为刘邦打造了一个稳固的后方团队，解决了军队的给养问题。这也成为刘邦最终夺得天下的关键因素之一。

刘邦对其他前来投靠的人才也给予丰厚的财富和得当的职位。

他任用人才有一个根本的原则，即凡是对他发展势力有用的人，他均真诚相待、尊重有加。且刘邦善于纳谏，其中最有名的莫过于他与韩信之间的故事。韩信曾在项羽麾下担任郎中，却一直没有受到重用。他满腹才学无处施展，无奈之下投奔了声望卓著的汉王刘邦。但起初他只担任一些不重要的军职，即使在夏侯婴、张良向刘邦举荐之后仍没有得到重用，于是韩信便打算离开汉军。萧何得知后连夜追赶，上演了一出"萧何月下追韩信"的故事。

之后，萧何再次郑重向刘邦举荐韩信，并批评刘邦说："如果大王想征服天下，那么就离不开韩信这位军事天才。但如果您只想偏安一地，那么韩信就没什么作用了。"

刘邦听后说："那就任命他为将军吧。"

萧何又反对说："将军的职位仍然留不住他。"

这引起了刘邦的重视，他与韩信长谈之后，便在军中设立祭坛，公开任命韩信为大将军。刘邦并没有因为韩信的离开而恼怒，也没有因萧何的批评而生气，而是在确认韩信的才华后，大胆任命他为军中重要统帅。后来的事实也证明了萧何的眼光和刘邦的决定是正确的。

韩信以无人可比的天才指挥能力帮助刘邦取得了一个又一个胜利。他十面埋伏的计策逼得项羽自刎于乌江边，使得刘邦彻底掌握了争霸天下的主动权。刘邦对韩信的放手使用也达到了令人惊叹的程度，甚至在韩信来信请求任命自己为王以安抚百姓时，刘邦也慷慨允诺。刘邦的这等气魄和果断在各路英雄争夺天下的局势中显得分外珍贵，也彰显了他独特的人格魅力，令大批将领愿为他所驱使。

在秦末乱世的各路义军领袖之中，刘邦有一个独特的优点，那就是"不在乎面子只看中里子"。他在寻求贤才时，不看出身只重才华，更不在意被人才批评和"打脸"，在面对强劲的竞争对手时同样能抛下脸面忍辱负重。这种来自市井的生存之道成为他在乱世发展自己的有力臂助，特别是在与西楚霸王项羽的相争中，原本实力并不强的刘邦在屡败屡战中不断积累经验，增长了自身实力。

历史上有名的"鸿门宴"即发生在二人相争的关键时期。在各路义军之中，刘邦率军首先攻进了咸阳城，项羽随后也进入关中地区，不仅有意攻打刘邦军队，且在鸿门设宴邀请刘邦，想趁机诛杀之。当时，刘邦的军力远远不如项羽，虽然迫不得已前去赴宴，但是他事先用大量珍宝及财物贿赂了项羽身边的谋士。宴席上，刘邦言辞恳切，并以特别恭顺的态度向项羽请罪。出身贵族的项羽一时心软放走了他，给自己埋下了灭亡的祸根。这二人在关键时刻的不同思维和做法也决定了他们各自的命运。

纵观刘邦的一生，在放荡不羁、知人善任、为人宽厚这些性格特点的背后，是他那颗"虽是麻雀，也要有鸿鹄之志"的雄心和重情重义重实力的市井生存之道的完美结合。

刘秀：不做"兔死狗烹"的不良猎人

　　创业初步成功的时期，往往也是这个组织矛盾频发的时刻。创业者只有克制自己的私欲，给予追随者相应的回报，以和平的方式再次凝聚人心方能取得更大的成就。反之，若以"飞鸟尽，良弓藏"的心态处理功臣的需求，则是一个组织败亡的前奏。

东汉末年，社会动荡，爆发了赤眉、绿林起义。不久之后，没落皇族子弟刘秀和刘縯也召集人马起兵，试图推翻王莽的统治，恢复刘姓天下。刘秀是西汉开国皇帝汉高祖刘邦的第九代孙，到他父亲这一代时已经家道中落。他的父亲刘钦担任的最高官职是县令，在刘秀九岁时，刘钦去世。

　　刘秀和哥哥刘缜兄弟二人率兵归顺了由绿林军拥立的更始帝刘玄，并在起义军中担任重要职位。在随后的战争中，刘秀兄弟表现优异，引起了更始帝的猜忌。不久后，更始帝找借口诛杀了刘缜。刘秀被迫低调求生存，后寻机去往外地发展，壮大实力后与赤眉军共同攻灭了更始帝政权，为兄报仇。

　　公元 25 年，刘秀在众多部下的推举下正式称帝，国号仍为汉，史称东汉，定都为洛阳。公元 36 年，刘秀率军平定了绿林军等各路豪强，重新统一全国。

　　刘秀年纪轻轻就成为开国皇帝，在这泼天的富贵面前他并没有得意忘形，而是以同龄人少有的自律和成熟来处理国家朝政，凭借高超的政治手腕顺利解决了功勋重臣带来的隐患，避免了历史上常出现的天下平定后因君臣猜忌而引发的惨案。

　　刘秀在崛起的过程中笼络了大批良将，也赏赐给他们诸多重要官职。平定天下后，刘秀对手下的骄兵悍将也有些不放心，但是他没有直接剥夺他们的官职，也没有寻机惩罚他们，而是采用了相对温情的方式处理这类棘手事情。

　　刘秀论功行赏，向耿弇加赏食邑以示恩宠。深知帝意的耿弇很快就将手中的大将军印绶主动上交，表示国家已经太平，军人自当上交兵权任凭皇帝差遣。耿弇的举动深得刘秀赞赏，刘秀命他照常出席朝会，并经常就疑难问题咨询他的意见。邓禹也在这一年被封为高密侯，食邑达到四县之地，他的弟弟邓宽也被封为侯爵。不久之后，心领神会的邓禹也上表请求收回自己的将军印绶，受到了刘秀的表彰。

这二人的举动给了其他开国功臣们明确的政治信号，即"国家已太平，我们不要眷恋手中的军权"。很快，其他将军也相继交出手中的军权。刘秀也没有让这些追随他出生入死的将领们寒心，不仅赐予他们高爵厚禄，还经常将他们从封地召到京城，一同享受荣华富贵的生活，以表关心和念旧。

刘秀的高明之处在于他并没有以"一刀切"的方式全部收缴众臣的军权，而是具体情况具体分析。他对身处边境的将领封赏爵位的同时，也给予充分的信任，令他们能安心驻守边疆，直到合适时机来临再以恰当的方式择人替换。刘秀的另一个重大举措是在国家职权的安排上打破了以往功臣任要职的先例。他给予功臣较高的爵位和大量赏赐，同时禁止他们担任各种要职，从根源上杜绝了功臣滥用职权或恃宠而骄影响朝政的可能性。

同时，刘秀还鼓励这些功臣们在享受荣华富贵的同时研习四书五经，提高儒学修养。这既是他向全国推广儒学的一种方式，也是用儒学理念潜移默化地影响他们的思想，使他们更乐于遵从皇权的要求。

在朝政安排上，刘秀也展现了他娴熟的制衡权术。他常常授予不太出名的将领以较高的官职。这样既能保证开国初期军队的战斗力和指挥系统的顺畅，也能避免将领率兵作乱的隐患。同时，刘秀还将地方的实力派领袖窦融等人调入京城，给予大量赏赐并委以重要官职，使各地势力在朝堂上并存，避免出现一家独大的情况。此外，刘秀还采取了轮换各地郡守等方式以避免某些家族长期垄断一地。

年轻的刘秀以凌厉的手段率军平定四方之后，在朝政治理上深谙"治大国若烹小鲜"的精髓，采取了不疾不徐的温和方式，以不带一丝火气的高超政治技巧赢得了功臣们的衷心拥护，保证了东汉初期社会的稳定，演绎了一段名垂千古的君臣和谐佳话。

刘秀，堪称历史上最成功的草根创业者之一。

李世民：为了盛世，什么都能不计较

当一个组织做大后，创始人就要择机将下属对自己的私人忠诚情谊转为对组织制度的忠诚；同时，为了更美好的未来，他还要放下心中的芥蒂和偏见，主动寻求各路英才为自己所用。

隋朝末年，天下大乱，李世民和兄弟们追随父亲李渊，加入争霸天下的战争之中。李世民文武双全，在征战中立下无数汗马功劳。唐朝建立后，李渊登基称帝，封李世民为秦王，授予天策上将一职。后来，在太子李建成及齐王李元吉的步步紧逼下，李世民发动玄武门之变，诛杀二人后逼迫唐高祖李渊退位。随后，李世民登基称帝，并将年号定为贞观，开启了一个属于他的光辉时代。

李世民虽然战功赫赫，深得部下的拥护，但是在封建时代，他身上背负着诛杀兄弟、劝退父王的不良声誉，给他带来很多烦恼。李世民目睹了隋炀帝因刚愎自用、骄奢淫逸而导致国家败亡，立志要走出一条与隋炀帝完全不同的盛唐之路。但是，得位手段有些不正的他该如何做才能赢得大臣和百姓的认可和尊敬呢？

他思虑再三后，连续打出了三张牌。

第一张牌——**放弃私人情谊，他希望下属将对自己的忠诚变为对律令制度的忠诚。他相信只要有合理公平的制度，领导者也秉持公正的态度选择贤能，那么就能君臣上下一心，开创出一个前所未有的盛世。**他首先要说服的是支持自己登基称帝的功臣们。事情果然如他所料，在他登基之后不久，心腹大臣房玄龄便向他奏请说："陛下，秦王府中还有一些人没有得到官职，恳请陛下授予他们一些官职，以褒奖他们的忠诚和辛劳。"

李世民听后说："爱卿能惦念秦王府同僚，朕心里非常高兴，但是我不能答应你的请求，因为朕现在是大唐的皇帝，任用官员必须选择有才干的人，这样才能有益于国家，有利于百姓。不能因为和我关系亲近，便以这种一己之私占用天下公器。"

李世民一番鞭辟入里的话说服了房玄龄。不久之后，他们的这番交谈也传遍了京师，秦王府的旧部也理解了李世民的良苦用心，不仅对他更加忠诚，也相信凭借自身努力一定能得到公正的待遇。

而那些非秦王府出身的大臣得知此事后也对李世民更加钦佩，为能遇到如此英明的君主而感到荣幸，也更能放下心来踏实做事。在此背景下，由玄武门之变带来的政治波动迅速消弭。

紧接着，李世民又打出第二张牌——不计前嫌，重用各个派系中的贤良才干人士。魏徵原是太子李建成的部下，为人忠诚刚正，是一位有着极高管理水平的人才。他曾经多次建议李建成早日除去李世民，以解决心腹大患，但均未被李建成采纳，以致双方矛盾逐渐激化。在储君争夺中，李建成落败身亡。**按常理来说，李世民登基之后首先应该清洗李建成和李元吉的手下以巩固统治，但是他并没有这么做，反而按下心中的不满，释放充足的善意，希望他们能为大唐效力。**

他征召魏徵入宫，与其进行了推心置腹的长谈，以诚恳的态度和宽广的胸怀赢得了魏徵的心。很快，他任命魏徵担任谏议大夫一职，并委派他前去河北等地安抚李建成和李元吉的旧部，轻松解决了潜在的动荡隐患。此后不久，他陆续重用原属其他派系的人才，如薛万彻、张玄素、岑文本等人。李世民用这种方式表明了自己宽宏大度、任用贤能的决心，顺利稳定了李建成和李元吉派系的人马。

紧接着，李世民又放出第三个大招——放下面子，主动求谏，鼓励大臣上书对自己提出批评意见。但是大臣们心中明白，自古以来，帝王们纳谏大多是口头说说而已，忠言逆耳，君王很难听进去。

为此，李世民不单对大臣讲"人欲自照，必须明镜；主欲知过，必借忠臣"等道理，还要求宰相在入宫与自己商讨国政大事时必须带着谏官，以备随时谏言。

有一次，大臣元律师因触犯法律被革职，并被定为死罪。但是另一大臣孙伏伽向李世民上书谏言，认为元律师确实触犯了法律，但罪不至死，希望陛下能够秉公处理，不要随意加重刑罚。李世民听后认为孙伏伽的话很有道理，不仅改变了对元律师的判决，还赏赐孙伏伽造价昂贵的兰陵公主园以示嘉奖，并鼓励其他大臣也要像孙伏伽一样勇于谏言，指出皇帝的错误。李世民不但经常主动征求大臣的建议和批评，还要求太子和重臣也虚心接受他人劝谏。

为了缔造一个繁盛的大唐帝国，李世民不计个人私怨，以种种真诚的方式笼络了大批人才，从而形成了贞观之治初期的政治班底。

赵匡胤：欲拒还迎的最高境界

在关键时候，身为掌控全局的人不要急于表态，而是让心腹、手下代为表达心声，这样可能获得多方面的收益。一个人即使身处优势地位，但如能以谦虚的姿态与和平的方式解决问题，乃为上策。这样不仅能树立良好的形象，还能避免日后出现不必要的麻烦。

赵匡胤是五代末期著名政治家、军事家，也是宋朝的开国皇帝。他出身于将领之家，父亲是后周的护圣都指挥使赵弘殷，在赵匡胤三十多岁时因病去世。赵匡胤从小就聪颖好学，成年后，他期望可以从军，以施展自己的才华。他借助父亲的人脉进入后周军队。他在军中做事用心，打仗也有勇有谋，很快就崭露头角，被后周皇帝郭威提拔，不久又被郭威的亲侄子兼养子柴荣招揽，成为开封府马直军使。从此，他步入官场升迁的快车道。后周太祖郭威因病去世后，柴荣继位称帝，史称周世宗。柴荣在位仅五年多便因病去世，留下了四个儿子，其中的柴宗训仅有七岁。柴荣在去世前下诏传位给柴宗训，并命皇后符氏和大臣范质等人代为管理朝政。

柴荣在世时，赵匡胤一直以忠诚勇武的形象深得柴荣的欢心。当时只是高级将领的他并没有垄断军权的能力，人们也想不到他心中有着不俗的野心。公元959年，柴荣率兵北伐辽国，仅用了短短四十多天的时间就接连收复了宁州、益津关、瓦桥关、瀛州等地。在连战连捷的情况下，柴荣准备乘胜收复幽州。

不料，一天夜晚他忽然病倒，无法继续指挥作战。不久之后，他被迫率军返回都城开封府休养。在柴荣于军中养病之时，偶然间从各地送来的文书中看到一个木片。这个木片上刻有多个卦象，且一旁刻有"点检做天子"的字样。柴荣看后大怒，命随从查找其来源，但始终没有答案。之后，他找了个理由将担任殿前都点检职位的张永德免职，改命他担任地方州府的节度使，并提拔之前的副都点检赵匡胤担任正职。他的这一举措正中赵匡胤下怀。原来，**赵匡胤经过多年的奋斗已经成为柴荣的心腹大将之一，掌握着后周殿前司里相当多的军事力量。他又知人善任，在军中私下组建了结义社，笼络了许多将领**。在柴荣身体健康、意气风发之时，赵匡胤的追求是成为国之柱石、柴荣的有力臂助。但是在柴荣身染重病后，赵匡胤的心思活泛了许多。身处混乱的五代十国时期，他耳闻目睹了许多大将篡位为王的事情，也不免想借此机会博得一个天大的富贵。

这时，一个天赐良机出现在他的面前。张永德在军中的主要对手是统领侍卫亲军司的李重进。这二人向来不和，经常相互使绊子。李重进等人想在柴荣生病时除掉张永德。为了借柴荣之手除掉张永德，李重进暗中命人制作了这个谶文放入文书之中。当时后周禁军中有侍卫亲军司和殿前司两大军事系统，其中后者的军力更为强大，且政治地位更高。张永德是柴荣的姐夫，曾经跟随后周太祖郭威南征北战，立下赫赫军功，也是后周军队中德高望重的老将。从柴荣的角度看，张永德是最有可能在自己去世后抢夺皇位的人，但他没有确凿的证据，因此将张永德改任为地方官就成为顺理成章的事情。却不承想，柴荣赶走了张永德，为赵匡胤的登基之路扫除了第一个障碍。

赵匡胤得到了殿前都点检的职位后更是兢兢业业，不折不扣地执行每一个指令，更加赢得了柴荣的认可。这时，柴荣的心腹大臣王朴突然因病离世。王朴是后周朝廷中兼具忠诚和谋略的重要人物，与柴荣既是配合默契的君臣，又是相知相交的密友。正是在王朴的大力支持下，柴荣才得以放心出征。

身体越来越糟糕的柴荣在不得已的情况下召集大臣范质等人，

当面安排了皇位继承的事情。他任命宰相范质、王溥、魏仁浦三人共同担任辅政大臣，辅佐皇位继承人柴宗训和皇后符氏。同时他并不放心担任侍卫亲军都指挥使的李重进，下旨命令他带兵赶赴河东地区，防止北汉朝廷派兵侵略。他还任命韩通负责军令事务，以此牵制赵匡胤这位新任都点检。对于柴荣的这种种安排，赵匡胤表面恭敬从命，但私下却伺机交好韩通和其他三位辅政大臣。几天之后，柴荣病重去世，柴宗训继位。

不久之后，京城内就谣言四起，人们纷纷议论"主少国疑"，人心开始浮动。同时，有些官员已经意识到赵匡胤的危险性，开始向皇帝上书要求撤掉他的军职。

但想不到以恭敬谦让形象示人的赵匡胤及其结交的兄弟已经四处活动了。赵匡胤的亲弟弟赵光义的夫人与符太后是亲姐妹，赵匡胤早已借此关系取得符太后的信任。那些上书请求撤换赵匡胤的奏章都被符太后驳回。

在符太后眼中，与韩通、李重进、范质等人相比，赵匡胤等人是自己的姻亲，也是自己在禁军中的重要臂助，由他们辅佐自己和孩子更有安全感。于是，在看似不争权夺利的赵匡胤的暗中运作下，其好友石守信担任殿前都指挥使的职位，慕容延钊担任殿前副都点检一职，王审琦出任殿前都虞候一职。不久之后，赵匡胤还将侍卫亲军司系统的重要职位收入囊中。他的好友韩令坤成为侍卫都虞候，张令铎担任侍卫步军都指挥使，不一而足。至此，在柴荣去世后的一年多时间内，赵匡胤已经在不知不觉中掌握了禁军系统的多数重要官职。这时，他的心腹部下劝他废掉幼帝，自立为王，赵匡胤听后果断拒绝，但并未责骂他们。下属们明白了他的心意，即他认为现在尚不是最佳时机，仍需要积极筹备，等待更好的机会。

公元 960 年的正月初一，朝廷正在举行隆重的年度大礼，突然收到地处边疆的镇州和定州的刺史送来的紧急奏章，说辽国大军发动了进攻，边境告急，急需救援。此时在京师的重臣大都不懂军事，面对这突如其来的战报，一时之间符太后和范质等重臣都慌了手脚。

他们急忙派遣赵匡胤率兵前去边境御敌，但是赵匡胤说自己手中的兵力不足，将领也没有几个，贸然出兵不仅无法取得胜利，甚至可能给京师带来危险。无奈之下，符太后和范质等人授予赵匡胤大元帅一职，使其能够调动全国范围内的所有军队。在得到了梦寐以求的最高军权后，赵匡胤爽快地答应出兵。

他马上任命慕容延钊率领千军先一步发兵边境，命高怀德、张令铎、张光翰等人和他一起率领大军随后出兵，命石守信、王审琦等人与韩通共同保护京师。正月初三，赵匡胤率领军队奔赴边关，晚上到达开封城外的陈桥驿安营扎寨。这时，开封城内有消息传来，说城中流传着"点检为天子"的谣言，城中百官已经慌乱。赵匡胤等人故作不知，照常洗漱休息。但这注定是一个不平凡的夜晚。他的弟弟赵光义和赵普、石守信等人聚在一起商议要赵匡胤自立为帝。

他们商定后，带人涌入赵匡胤的大帐，把呼呼大睡的赵匡胤叫醒，将早就准备好的龙袍披在他的身上，劝其称帝。他们说："如今主少国疑，国不可一日无主，请您登基做皇帝。"

赵匡胤早已醒来，却故作睡眼惺忪，做出一副吃惊的样子，连连摆手拒绝说："不可不可。"

众将领向他跪下，一再恳求他答应，说："如今您是国家的柱石，国家一天也离不开您，黄袍已经披在您的身上，这是上天和所有臣民的愿望，希望您不要推辞。"

赵匡胤听后仍然坚持不接受，斥责众人说："你们做的荒唐事情把我陷入如此为难的境地，真是害我啊！我还要带领大家前去边关抗敌，你们不要耽误大事。"

但是赵光义和其他将领们仍然坚持自己的意见，双方僵持了许久，大帐外边将士们呼喊赵匡胤登基为帝的声音一波波传来，响彻整个军营。

到天色快亮时，赵匡胤终于不再推脱，接纳了将领们的请求。他做出一副无奈的样子，语重心长地对跪在地上的将领们说："我从来没有想过做皇帝，只是想做一位有功于国家的忠臣，可是你们把我推上皇帝的位置，也是你们想要享受更多的荣华富贵，逼迫我成为天子的。"

众将听后心中大喜，连声称道："是您德高望重，上天、将士和百姓都愿意您做天子。"

赵匡胤说："如果你们非要让我做天子，那么我希望你们都能听从我的命令，否则这件事就此罢休，我们继续前去边关打仗。"

众将领们听后异口同声地表示绝对听从赵匡胤的命令。至此，赵匡胤宣布接受将士的请求，自立为帝。同时他接连颁布命令，要求属下带兵回京，但不得劫掠百姓，不得骚扰百官，更不能伤害符太后和小皇帝，凡是违反命令者，将会受到灭族的惩罚，遵守命令的，在事成之后皆有封赏。

赵匡胤的这番推脱大有深意。如果他匆忙表示心意并接纳部下的劝谏，会给人留下急躁的印象，也会使部下产生骄慢的心理，自认为有拥戴之功，在日后也容易不服约束。而如今他是在部下的一再请求下才勉强答应的，将责任推给部下，既可以使他们日后更易于听从约束和调遣，也给了全国的臣民一个冠冕堂皇的交代，更有利于稳定政局。

赵匡胤说完就命令大军回师前去京城。为了能迅速掌控后周朝廷，赵匡胤命大军从自己早已安排好的城门中进入开封，很快就掌控了宫城和都城的局势。忠于后周的韩通在京城中组织人员反抗时被赵匡胤的部下王彦升带兵诛杀。当赵匡胤带兵进入宫城后，宰相范质、王溥等人才恍然大悟赵匡胤是要造反，也明白上当了，但这一切都已经晚了。

当赵匡胤被将领们簇拥着进入宫殿后，他还向范质等大臣哭诉自己的无奈和痛苦。他说："我深受历代皇帝的恩宠，一心想为国效力，但无奈被军人要挟才造成这种局面，我感到太惭愧了，真不知道该怎么办啊！"

范质等人非常生气，明知赵匡胤是在逢场作戏，自己的生命被他捏在手中，但仍然按捺不住怒火斥责赵匡胤："周太祖和周世宗都待你非常好，你的一切也都是他们给予的，现在先帝刚走一年多，你就做出这种事情来，怎能如此呢！"

赵匡胤听后满脸惭愧，边哭边连连鞠躬道歉，一再讲述自己的无奈。

这时，赵匡胤的部将们蜂拥而上，对着这些大臣连声威胁说："这天下就没有比赵点检更适合做皇帝的了，我们只尊崇他一人称帝，如有人不愿意，我们将与其殊死搏斗。"士兵们也纷纷出声附和，手中的兵器挥舞着，场面非常危急。

而赵匡胤听到这些话后非常生气，怒骂将领和士兵，却并未把他们赶出大殿。

范质等人眼看局势已不可挽回，明知赵匡胤的这些话都是推脱之词，但也清楚他并非嗜杀成性的人，无奈之下也只能承认了这个事实，和其他拥戴赵匡胤的人一同劝他接受小皇帝的禅让。

　　而赵匡胤仍然边哭泣边连连推托，在这些将领和大臣们的一再劝谏下，赵匡胤才半推半就地答应接受禅让，并许诺善待符太后一家。当日，赵匡胤便在大臣和将领们的拥护下宣布接受少皇帝柴宗训的禅让，正式登基为帝。

　　就这样，赵匡胤以近乎和平的方式夺得了后周的政权，从一位将军成为大宋王朝的缔造者。赵匡胤身处乱世之中，凭借过人的胆略和勇武一步步走上权力的巅峰。但他的成功之路中最出色的是在不动声色之中布局、落子，并以势成事，即使众人都明白他的心意，但他仍然以欲拒还迎的方式取得了最佳的结果。

彼得一世：不问方法，结果导向的强人手腕

> 身为组织的掌舵人，不仅要有高远的奋斗目标，还要能对组织内不同的人用不同的方法，并灵活应对外界的变化，这样才能让组织从弱小走向强大。

十七世纪末到十八世纪初，俄国罗曼诺夫王朝出现了一位改变了这个国家历史的沙皇，他就是彼得一世，被后世的俄国人尊称为"彼得大帝"。他的一生颇有传奇色彩，但更令人注目的是他不达目的不罢休的性格。正是这种以结果为导向的行事作风使得他的每一次失败都成为下一次成功的起点。

彼得一世出生于 1672 年，在他年仅四岁时，父亲阿列克谢一世去世，哥哥登基称帝，被称为"费奥多尔三世"。六年后，费奥多

尔三世去世，彼得被母亲家族拥立为沙皇，被称为"彼得一世"。但是他的姐姐索菲娅公主起兵造反，将他一位智力低下的兄长伊凡拥立为第一沙皇，彼得被赶出都城莫斯科，只拥有一个"第二沙皇"的称号。

在随后的几年中，小彼得展露出对军事的兴趣。他不仅将自己的侍卫和住所附近的农家小伙伴召集起来组建了两个军团，还请经验丰富的教官对他们进行训练，且购买了枪支弹药，组成了忠诚于他的禁卫军团。在十七岁那年，他率兵击败了姐姐索菲娅公主的军队，夺回了政权。他将索菲娅公主囚禁在修道院，由母亲和忠于他的大贵族及主教管理国家政事，而他则专心研究航海技术和军事指挥艺术。几年后，彼得一世的母亲去世，他开始亲自打理朝政。

1695 年，一心想夺得出海口的彼得一世率军进攻被奥斯曼土耳其帝国占领的亚速城，但是这次战争狠狠地给了初出茅庐的彼得一世一个教训。

没有海军舰队的彼得一世在奥斯曼土耳其帝国海陆军队的夹击下遭到惨败。被血与火惊醒的彼得一世这才发现自己的国家与奥斯曼土耳其帝国之间的差距，也看到了海军的重要性。他回到国内便开始大力支持海军建设，第二年就打造出一只小型舰队，并再次进攻奥斯曼土耳其帝国。彼得一世汲取了上次战败的教训，在海陆协同及指挥和冰原训练等方面都做了改进，很快就打败了奥斯曼土耳其帝国军队，占领了亚速地区，夺得了亚速海的出海口。最后，战争以奥斯曼土耳其帝国求和结束。

这次胜利使彼得一世的野心急剧膨胀。他开始睁眼看世界，希望能够得到当时其他先进国家的各种技术，使俄国更加强大。1697年，俄国与奥斯曼土耳其帝国的战争结束，彼得一世迫不及待地派遣一个庞大的使团出访欧洲各国，希望通过外交手段巩固反对奥斯曼土耳其帝国的联盟，同时也为俄国招募各种技术人才。有意思的是，彼得一世并没有坐在皇宫中静待佳音，而是乔装打扮，化身为下士跟随使团一同出访外国，亲自考察各国的国情和技术发展。

这一次出访，彼得一世目睹了英国、法国等主要大国的盛况，对他们的政治、经济、文教制度等有了亲身体会，大受震撼的同时也决定回国后进行大幅度改革，以加快俄国发展的速度。但理想是美好的，现实是残酷的。彼得一世回国后推行的各种改革受到空前强大的阻力，利益受损的旧贵族、宗教领袖等势力联合起来反对他的变革。但是，强势的彼得一世并没有软化态度，而是以强硬的手段继续推行各种新政，矛盾空前激化，就连彼得一世的大儿子、皇太子阿列克谢也加入了反对他的阵营。

1698年，彼得一世率领使团再次出访。这时，国内的禁卫军之一的射击军在反对彼得一世的势力操控下掀起了叛乱，不仅解救出被囚禁的索菲娅公主，还拉拢了皇太子阿列克谢。彼得一世得知之后，率领亲信星夜兼程赶回莫斯科，以雷霆手段平息了这次叛乱，处死了大批叛乱分子，再次将索菲娅公主囚禁，并在她的牢房前吊死了一百多位叛军中的重要军官以示惩戒，同时也将皇太子阿列克谢囚禁。之后，皇太子阿列克谢设法逃到了奥匈帝国，仍然从事反对彼得一世的活动。彼得一世在多次派人劝说无果之后，将阿列克谢引渡回国，由特别法庭审判，最终将其判处死刑。

至此，彼得一世以铁腕震慑了各方反对势力，使改革得以推进。在彼得一世的眼中，振兴俄国是自己的责任，任何阻碍自己的人都应被无情地击败。为了扩张俄国的势力范围，为了打败土耳其、瑞典、波兰等强敌，他愿意付出任何代价，做任何事情。

彼得一世出访的足迹遍及欧洲各国，他明白俄国与当时强国之间的巨大差距。在内部改革中，他采取了看似野蛮粗暴，实则简单有效的方式推进改革进程。他知道改革离不开人才，而俄国的贵族地主群体是他的最大基本盘，必须使这些贵族子弟像自己一样喜欢学习新技术、新知识，而不能不思进取，沉迷于吃喝享乐。

他颁布了一系列看似离谱的规定，比如强迫大批贵族子弟去西欧学习各种技术和知识，而且每人只能有一位随从陪伴，妻子和儿女只能留在国内。只有学习成绩合格且毕业之后才能回国，倘若有人辍学偷偷返回国内，面临的将是财产被没收的严厉惩罚。又如，只有学会了数学并掌握一门外语的贵族子弟才能保留贵族特权，否则就会被剥夺特权。还如，贵族子弟只能在拿到了学业证书之后才能结婚等等。

彼得一世借鉴西欧诸国的文明生活方式，对沙皇俄国的传统习俗开始动刀。他要求贵族和平民不再穿戴累赘的长袍，改为穿戴西欧流行的服饰，学习西欧贵族礼仪，不得保留长胡子，等等。如有违反者将被惩罚。例如，俄国人将自己的大胡子视为珍宝并刻意保留和修饰，但是彼得一世却发布命令不准人们留胡须，如果谁想保留自己的胡须就要花钱购买这项权利，价格、标准因个人的身份地位而不同，最高达到了每年每人一百卢布。彼得一世还规定废除野蛮的传统宴会形式，改用欧洲舞会以促进人们讲文明、讲礼貌和自由交际，并要求妇女也要出席舞会，违反者要受到惩罚。这个规定结束了女性不能参加宴会的传统陋习。**彼得一世这种强硬的方式虽然令许多人感到不满，但收效奇佳，国内很快就呈现出一派欣欣向荣的景象。**

这时，踌躇满志的彼得一世将开疆拓土的目光放到了当时的波罗的海强国瑞典身上，希望能够打败这个对手，夺得通向波罗的海的出海口。1700年，彼得一世率领三万五千人组成的临时军队进攻瑞典，双方在纳尔瓦城附近发生交战。瑞典国王查理十二世令先抵达战场的八千名士兵和数十门火炮进攻俄军阵地，将俄军分割包围。俄军逐渐战败，被迫投降。这场战争结束后，查理十二世名声大震，而彼得一世则再一次尝到了失败的滋味，狼狈退回俄国境内。

但彼得一世并没有气馁，而是马上转换了策略。他在外交上主动与瑞典的强敌波兰结盟，向波兰国王奥古斯特二世许以种种好处，如允诺派遣一万多人的俄军供波兰人驱使，并每年给予波兰十万卢布的经费以提高军力。彼得一世还花费重金贿赂波兰各级重要官员，促使沙皇俄国与波兰的联盟成立。此外，彼得一世也主动与奥斯曼土耳其帝国握手言和，双方还签订了《君士坦丁堡和约》。

彼得一世的聪明之处在于他一面与波兰交好，怂恿波兰对瑞典发动战争，一面又向瑞典国王再三表示尊敬和钦佩，不仅对其提出的要求全部答应，更表示非常珍惜两国之间的友谊。当外界盛传沙皇俄国有意与丹麦和波兰一起抵抗瑞典的消息时，彼得一世听后非常焦急，连忙赶到瑞典驻俄国的外交官邸，向对方表示俄国绝无此意，且非常珍惜与瑞典的友好情谊，也永远不会参加任何国家组织的针对瑞典的战争，作为瑞典的忠诚朋友，俄国反对任何国家进攻瑞典，甚至愿意出兵帮助瑞典保卫领土。后来，彼得一世还主动要求与瑞典签订合约，并且邀请欧洲主要国家参与合约谈判与签订过程。彼得一世及其外交团队的一系列表演迷惑了瑞典国王，使对方放松了警惕，也在欧洲各国中营造出俄国追求和平的良好形象。

由于波兰与瑞典长期争战，双方国家实力逐渐削弱。而此时的俄国完成军备重整，趁瑞典与波兰陷入苦战之时再次发兵夺取了纳尔瓦等地。瑞典国王得知消息后急忙派遣军队前来救援，结果俄国军队仅用三个小时就消灭了瑞典主力军队。彼得一世终于一雪前耻，实现了夺得波罗的海出海口的梦想。

1721年9月10日，俄国与瑞典签订了《尼什塔特和约》，双方确认俄国占领的波罗的海沿岸土地归并俄国，使得俄国的国家地理形势得到极大改善。

彼得一世是一位意志坚定、雄心勃勃的人，他深谙对什么人用什么方法的道理。他知道对待蛮横粗鲁惯了的俄国旧贵族，温柔劝说毫无作用，为了实现自己的梦想，只有用严厉的制度和明确的规则才能让这些桀骜不驯的人臣服。在国与国之间的竞争中，彼得一世更是花样百出，能用武力解决的绝不废话。而当实力不允许时，他马上化身为人畜无害的"乖宝宝"，向强敌百般示好，令其失去戒心。为了解决主要敌人，他愿意与次要敌人握手言和，并采用各种手段促进双方结盟，悄悄壮大自己，最终战胜强敌。

拿破仑：一手大炮，一手法典的征服术

> 一个团队的领导人不仅要能率队拓展发展空间，还要拥有深邃、领先的理念，引领大家一起前进，这样才能无往而不利。

拿破仑出生于法国科西嘉岛，年少时期便进入军校学习，并以优异的成绩毕业于巴黎军官学校，后进入军队服役。他在空闲时间阅读了大量书籍，深受卢梭等启蒙运动思想家的影响，产生了建设一个自由、人权、文明的新法国的思想，理想的种子就此在他的心中生根发芽。

后来，在土伦战役中展露出惊人的军事才华的拿破仑受到了当时政府高层的欣赏。在那之后，他又在镇压保王党战役中取得辉煌的胜利，被晋升为陆军准将兼任巴黎卫成司令。紧接着，年仅二十六岁的拿破仑便成为法国驻意大利方面军总司令。他率领法军先后打败了意大利本地及奥地利帝国的军队，不仅维护了法国在意大利地区的利益，还迫使奥地利帝国与法国签订了停战条约。由此，拿破仑成为法国军界冉冉升起的新星。随后他又被派往中东，担任法国的东方军司令。

在中东地区，拿破仑连战连胜，不但阻止了英国势力的扩张，还通过金字塔战役等占领了埃及地区，后又在叙利亚打败了土耳其军队，可以说，在陆地上拿破仑几乎没有对手。但是法国海军不给力，这使得拿破仑的东方军处于孤军奋战的境地。这时，已经羽翼丰满的拿破仑审时度势后，决定回到法国本土夺取政权。

1799 年，拿破仑秘密返回巴黎，在部下和人民的拥护下发动了雾月政变，成为法兰西第一共和国的第一执政官。他以强有力的手段结束了法国国内长期混乱的局面，使社会恢复安定。但是欧洲大陆上敌视法国的国家并未善罢甘休，他们随时准备消灭这个新生的政权，夺取法国海内外的利益。

在这种情况下，执政几个月之后，拿破仑就做出了一个出人意料的大胆决定。他挑选精干士兵组成远征军，秘密越过了险峻的阿尔卑斯山，出其不意地击败了惊慌失措的奥地利军队，取得了马伦哥战役的胜利。消息传回国内后，法国人民一阵欢腾。年轻的拿破仑以出色的军事胜利稳固了自己的地位，也稳定了国内的政局。可以说，拿破仑是一位靠着军功登上最高统治者地位的人。此后，面对由多国组成的反法联军的进攻，拿破仑采取集中优势兵力各个击破等先进战法取得了胜利，极大地拓展了法国的领土面积。但是他并没有就此止步，他还有一个更为远大的抱负。

熟读史书又深受启蒙思想家影响的拿破仑在加冕称帝之后并没有走上原有的封建统治道路，而是在法国国内开展了一场洗髓换骨般的改革。他组织多位专家成立团队，起草、编撰《民法典》。在《民法典》的起草工作中，拿破仑没有完全放手，而是经常参与相关法条的讨论。在短短的四个月时间内就完成了草案工作，并交由最高法院和参政院等部门讨论。但是草案遭到法案评议委员会以及立法会议的否决。

拿破仑得知结果后，心中明白这是反对势力所为。他果断撤回草案，并对法案评议委员会中的人员进行调整，使反对者的数量大为减少。随后双方先进行私下沟通，然后修改草案，最后再启动立法程序，使草案得以顺利通过。拿破仑在遇到内部阻力时，能采用不同手段予以解决；对于政敌，他以果断的手腕进行打击；而对于那些指出草案条文不当之处的学者，他则以礼相待，虚心纳谏，命人认真修改，使得这部《民法典》更加完善。1804 年 3 月，这部法典被命名为《法国民法典》，正式生效。

拿破仑之所以如此重视这部《法国民法典》，在于他不仅想使法国民众在这部法典的指导下过上新生活，还希望这部法典能随着军事的扩张顺利传播到欧洲其他地区，解救那些生活在封建王朝统治下的人们。**拿破仑曾有这样一个观点：对人民进行思想上的征服，远比武力的征服更为持久有效。**《法国民法典》正式实施以后，很快就在法国的势力范围内，包括葡萄牙、西班牙、荷兰、波兰、意大利以及德意志地区的一些邦国中得到推行。

十几年之后，拿破仑帝国被推翻，拿破仑被囚禁在一座小岛上直至去世，那些曾被他征服过的地区又恢复了独立，但是它们仍然在相当长的时间内受着《法国民法典》的影响。拿破仑这种天才式的领袖人物，不仅在军事上具有卓越的才能，还能引领人民在思想上得到前进。他这种双剑合璧式的降维打击，对当时的欧洲封建王朝造成了强烈冲击，这就是他的不平凡之处。

第二章

顶尖谋略：
谋局与破局中的博弈智慧

范雎：无解的"拉一个打一个"

当你无法将对手们一锅端掉时，那就先解决触手可及的，积攒实力；哄着暂时够不着的，减少阻力。依此原则，逐一击破。

范雎是战国时代著名的谋略家。他从小才能卓绝且有鸿鹄之志，身为魏国人，曾渴望为国效力，但不幸被小人诬陷，从魏国逃到秦国。

当时秦国的综合国力在诸侯国中已经位居第一阵营，但多年来发展平平。原因有三：一是其他六国合纵抗秦，限制秦国势力增长；二是宣太后干政，穰侯魏冉专权，国内政治混乱，王权集中受到巨大影响；三是秦国外交长期采取"远攻近交"战略，收效甚微，处境被动尴尬。

这一年，魏冉又计划发兵远征齐国，范雎得知这一消息后，心急如焚，认为魏冉是在白白浪费秦国的资源。

千里马跑得再快，没有伯乐的引荐也只能埋没乡野。范雎还算走运，在秦国碰到了命中的贵人——王稽。在王稽的引荐下，他成功见到了日后助他飞黄腾达的秦昭王。

秦昭王与范雎可以说是一对互相救赎的君臣。在范雎渴望面君的同时，秦昭王也十分渴望得到贤士的辅助，以强化王权，摆脱宣太后和魏冉的掣肘。因此，当王稽向他引荐范雎时，他心潮澎湃，毫不掩藏招贤纳士的热忱，马上召见了范雎。

范雎初见秦昭王时心中还有几分犹豫，万一这位君主并非明君，他的一腔抱负该何去何从？因此秦昭王先后三次向他询问治国之道时，他只随口"嗯"了一声，并未发表见解。

秦昭王的侍从不满他敷衍的态度，大声呵斥。

范雎却淡定答道："我只知秦国有太后和穰侯，不知有大王。"以此试探秦昭王是否诚心听取他的建议。

秦昭王听了范雎一针见血的评价，不怒反喜，更加礼待范雎，再次向他请教。

范雎不再藏着掖着，直接道："从军事力量来看，秦国已经力压其他诸侯国，若想再进一步，关键就在如何外交。眼下穰侯准备攻打齐国，路途遥远，人力物力耗费巨大，即便战胜了，如果韩、魏两国掺和其中，很有可能转胜为败。现在，秦国当'远交近攻'。先和距离较远的齐国交好，减少统一大业路上的敌人；同时攻打临近的韩国和魏国，实实在在扩大疆土。解决了临近的这些小国，再聚力攻打齐国，胜算不是更大吗？"

"如果我们攻打韩、魏时，齐国插手怎么办？"秦昭王有些顾虑。

"齐国实力在秦国之下，又收了秦国的好处，且战火并未波及本土，即便识破这一策略，量也无计可施。"范雎说。

秦昭王顿时如醍醐灌顶，封范雎为客卿，并按计划拉拢远敌、攻打近敌，由近及远蚕食各个诸侯国。韩、魏成为秦国的攻打目标。至于齐国和燕国，正如范雎所料，对此事袖手旁观。秦国发起猛烈攻击，短短几年时间就成功将韩、魏的重要城池收入囊中。

紧接着，范雎又将打击目标放在后起之秀赵国身上。赵国人才济济，外有名将廉颇坐镇，导致秦、赵两国交战三年没分出高低。范雎运用阴谋也是一把好手，他想出一招反间计，成功让赵王与廉颇之间产生嫌隙，于是赵王派赵括顶替廉颇抵抗秦兵。赵括是个纸上谈兵的高手，实战能力却不尽如人意，在他的领导下，赵国军队节节败退，赵国从此一蹶不振。

范雎则在秦昭王的赏识下，登上丞相之位，长达十数年。他将"远交近攻"策略运用得炉火纯青，其他六国在秦国的利用和攻击下，除了国力受到削弱外，相互之间矛盾不断，早就失去与秦国抗衡的能力，即便后来他们回过味来，多次采取合纵战略抵抗秦国，但秦国羽翼已丰，势不可挡，局势难再扭转。秦国依靠"远交近攻"的国策，实力大增，为统一六国奠定了坚实的基础。

主父偃：推恩令，史上第一阳谋

　　打败敌人不一定非要真刀真枪地干，只要用好谋略就能让敌人在神不知鬼不觉之中自我瓦解。这类谋略的成功只需满足两个条件：一是要使敌人的核心利益受损，二是要让敌人没有拒绝的理由和余地。

　　西汉自刘邦登基以来就存在一个大麻烦——诸侯王实力太强，使中央政权无法统一。汉景帝时期，皇帝的智囊晁错大胆提出"削藩"政策，与各诸侯王硬刚，导致"七国之乱"，各诸侯王以"清君侧"为口号，发动政变。虽然这场危机很快被化解，但晁错因此被杀，诸侯王依然存在，政权还是无法统一。

　　到了汉武帝时期，有个人给皇帝支了一招，让朝廷几乎没动一兵一卒，就解决了这一难题。这个人就是主父偃，西汉时期的大臣、政治家。他足智多谋，但家境贫寒，早年怀才不遇，人到中年才得到皇帝的赏识。主父偃深知，皇帝最关心的事情就是中央集权，如果能解决诸侯王，自己就能被皇帝器重，被同僚另眼相待。怎么做才能顺利削弱诸侯王的势力呢？他吸取"削藩"策略的教训，反其道而行，提出"推恩令"，给了诸侯国"温柔一刀"，帮助皇帝砍掉了困扰朝廷几十年的大尾巴，永绝后患。

他先是向皇帝分析了诸侯国的现状："诸侯王封地较大、财力雄厚，太平盛世时骄奢靡乱，生死存亡之际又会联手对抗朝廷，使'七国之乱'再现。"

汉武帝本就对诸侯王有意见，听他这么一说，削藩的决心又坚定了几分。经过"文景之治"的积淀，朝廷实力大增，足以震慑诸侯国，但汉武帝并不想用武力解决此事，于是便向主父偃寻求良方。

主父偃的名场面正式上演。他先是站在"仁孝治国"的道德高地，为"推恩令"寻找理论基础；然后点出诸侯国推行的"嫡长子世袭制"违背了"仁孝治国"的核心价值观，而应该让同族兄弟子侄共享富贵与封地。如此一来，朝廷就能通过"道德绑架"分割诸王的土地，从而削弱诸侯国的势力。

汉武帝马上明白了这个策略的妙处。倘若诸侯王老老实实听命，土地越分越少，势力越来越分散，渐渐地也就对朝廷没有威胁了；倘若诸侯王抗旨不遵，他的兄弟子侄为了争取自己的利益就会群起而攻，不用朝廷出手，他们自己就会土崩瓦解。汉武帝对主父偃的点子大加赞赏，并命令诸侯王推恩于兄弟子侄。

"推恩令"伊始，几家欢喜几家愁。有些诸侯王之前碍于承袭制度的限制，不得不只分封嫡长子，而现在，皇帝更改了承袭制度，为他们施恩于其他爱子等找到渠道，也就甘愿配合朝廷演一出戏；有些诸侯王看出"推恩令"背后的阴谋，不愿意分割自己的土地，但又不敢公然抗旨，否则就是大逆不道，且会担上不关爱同族子弟的罪名。

没有对比就没有伤害。当其他诸侯国的贵族子弟都得到封地，而自己却没有份时，部分诸侯子弟也就动起了心思。淮南王刘安就是拒不执行"推恩令"的典型代表，还妄想保存实力图谋不轨，不料被自己的孙子刘建告发了，最终畏罪自杀。而淮南国则更名为"九江郡"，归朝廷管理。有了淮南王这个前车之鉴，其他诸侯王哪还敢随意造次，无论是否心甘情愿，都将土地分封给家族子弟。这就是"推恩令"的威力，从内部直接瓦解敌人的凝聚力，达到不战而胜的目的。

其实这一政令刚推出时，诸侯国大都存在抵触心理，为了工作能够顺利开展，汉武帝派主父偃深入各诸侯国，专门监督他们的执行情况。主父偃毫不含糊，刚到燕国不久就逼得燕王畏罪自杀，皇帝顺势将燕国纳入朝廷版图，并给予主父偃大量赏赐。主父偃晚年得志，干的又是得罪皇亲国戚的活儿，他明白自己不会长久荣耀，因此抱着享受一时是一时的态度，高调地与诸侯王作对，大胆收受贿赂，最终因诸侯王的弹劾而被汉武帝诛杀，一位谋臣如流星般陨落了。

主父偃有其品德、为人处事等方面的不足，但他提出的"推恩令"在几乎零硝烟的状态下消减了诸侯王的势力，为西汉初期的中央集权圆满画上句号，被誉为"史上第一阳谋"。

诸葛亮：战略对了，就能分得天下

> 做任何事都要有战略规划。战略对了，就能明确方向
> 和目标，在变化中掌控全局，真正做到"任凭风浪起，稳
> 坐钓鱼船"。

说起三国时期的人物，智圣诸葛亮绝对是个绕不开的大人物，他的雄才大略让敌人曹操敬佩，让盟友周瑜嫉妒。落魄皇族后裔刘备能在短时间内实现逆袭，从草根变成创业大佬，让蜀国兴盛，都离不开诸葛亮策划的三分天下战略。

三顾茅庐之前，刘备还只是一个势单力薄的小人物，而曹操、孙权已经雄踞一方了，他却只能夹缝求存。这让刘备意识到，自己的麾下缺少一位带领他走出困局的战略家，于是在谋士司马徽、徐

庶的建议下，他三顾茅庐请诸葛亮出山。

诸葛亮为刘备精心谋划了一幅战略蓝图，帮他指明了成就霸业的方向。

诸葛亮帮他分析天下局势。曹操有实力，占据北方，是刘备的劲敌；孙权较弱，坐拥江东，已小有气候；另有汉中、荆州、益州等要塞之地，被群雄割据。刘备只能夺取川蜀之地，与曹操、孙权形成天下三分的鼎立之势，才有可能成就大业。

刘备听后频频点头，原来自己至今事业未成，是因为没有看清形势、找准定位。可是，川蜀之地辽阔，该从哪里入手呢？

诸葛亮大局在胸，一步一步向刘备分解战略布局。第一步，夺取荆州这一军事要地。只要能占据荆州，就能卡住东吴的喉咙，交通也更便利。后来关羽失荆州，诸葛亮曾感叹："如果荆州还在，我们何至于出祁山！"第二步，拿下益州。益州是个绝佳的战略根据地，土壤肥沃，物资丰富，被誉为"天府之国"，且地势险要，进则可以夺取天下，退则可以雄霸一方。事实证明，益州确实是个好地方。刘备夷陵之战大败后，正是借助益州这块宝地发展经济，逐渐让蜀国再次实现中兴。第三步，站稳脚跟，与曹操、孙权三分天下。待这些目标均成为现实后，再伺机出师，统一中原。

诸葛亮的战略解析精辟有理，刘备听后才明白，自己徒有兴复汉室的远大抱负，却从未制订过清晰的执行计划，因此忙忙碌碌十数载不见起色。可见，无论是规划职业、创业还是治国，都要树立一个清晰而远大的目标，并制订操作性较强的实施计划，这样才有可能成就一番事业。

摆在刘备面前的难题还有一个：魏国和吴国会放任自己逐渐强大吗？

诸葛亮又帮他分析。吴国的军事实力不敌魏国，倘若刘备联吴抗魏，孙权轻易不会拒绝；而且为了抗衡魏国，吴国短期内也不会对刘备动干戈。魏国兵强马壮，只把吴国当作劲敌，对刘备等弱势力团体戒心不高，不会在意他们的小动作。内有人才辅助，外有盟友的加持和敌人的忽视，刘备只要规规矩矩地按照战略规划走，假以时日，定能有所成就。等到打败曹魏，再拿下孙吴，统一天下指日可待。

诸葛亮的解说让刘备看清了局势、摸准了定位、找到了解决方法，似乎只要按照这个战略走，统一中原的所有问题都能迎刃而解。刘备更加信任和认可诸葛亮，让他成为自己的心腹和军师。

加入刘备阵营后，诸葛亮立即前往东吴拉关系，靠着三寸不烂之舌和雄才大略，与孙权结盟，抗击曹操。赤壁之战后，天下三分雏形初显。之后，诸葛亮又帮刘备获取荆州和益州，建立蜀汉政权，形成三足鼎立的局面。

天下三分战略是诸葛亮基于躬耕南阳数年的现实思考和对天下

态势的冷静分析而得出的，其可行性让蜀国获得了阶段性的兴盛。在此后的十几年中，天下局势与诸葛亮的预测基本吻合。可惜的是，诸葛亮猜中了天下三分的开头，却没有猜中魏国独大的结尾。蜀国没能统一中原，不是诸葛亮战略有误，而是多方面问题导致的。一个国家的发展离不开战略目标，更离不开执行力。战略对了，才有努力的方向；执行对了，才能越努力越接近成功。蜀国胜在战略，却输在了执行。

发展既要有战略定位，也要有战略执行。部分企业之所以中道陨落，就是缺乏战略的加持。战略是企业成长的大局，大局在胸才能头脑清醒，审时度势，在变局中稳住航向，在危机中创造条件，助力企业发展。

曹操：论肩扛大旗的重要性

　　大树底下好乘凉，扛好大旗才好扩张。在职场、商场要想混得风生水起，有时就得"背靠大树"，借助一些力量来做支撑，这样才能得到更好的发挥，实现人生目标。

　　东汉末年，谋朝篡位的董卓倒台后，群雄割据的局面愈演愈烈。此时袁绍因为跨据冀州、青州、并州等地，实力最强。如果他能救汉献帝于危难之中，没准三国的历史就要改写了。可惜的是，袁绍居功自傲，看不起已如丧家之犬的汉献帝，只想做个无人管束的霸主。他的一时糊涂，却直接成就了曹操。

　　曹操就比袁绍格局大。刚得到兖州时，他就有迎接汉献帝的打算，奈何实力不允许，只能继续积攒力量。待到攻下了豫州，他觉得时机已经成熟，立即前往洛阳搭救汉献帝。汉献帝被乱兵赶出皇宫后，与随从官员过着颠沛流离的日子，还经常遭遇乱军威胁，见到曹操前来接应，就像抓住救命稻草一样欣喜。曹操将汉献帝迎到许昌，建宗庙、修宫殿，给他皇帝应有的待遇。从此，许昌成为东汉的都城，曹操也成为权倾朝野的大将军。

曹操的麾下人才济济，钱库、粮仓也颇为殷实，完全可以雄踞一方，征讨异己。可是，如果没有天子撑腰，他便师出无名，会被其他割据势力围攻，强大之路阻力重重。曹操迎回天子，表面高举着"匡扶汉室"的大旗，实则是拿天子当"金字招牌"，为自己找了一个名正言顺的扩张理由。说白了，就是借天子之手实现自己的霸主梦。雄踞各方的大佬们深知曹操的用心，实力强盛的，摩拳擦掌准备争抢天子；实力不足的，只能忍气吞声地边看戏边抢地盘，争取早日壮大队伍，将天子拉入自己的阵营。汉献帝本人大约也知道曹操的计谋，但与流落街头、食不果腹相比，他宁愿顺从曹操的安排，过着安逸享乐的生活。这么一看，曹操与汉献帝可以说是互相成就了对方。

把天子握在手中后，曹操一连办了三件大事。

第一件，招贤纳士。"良禽择佳木而栖"，自从有了汉献帝的代言，曹操吸纳人才的速度和质量都上了一个台阶。为了实现报国志向，众多贤士将才纷纷投奔曹操，例如郭嘉、钟繇、荀攸、典韦、徐晃等文臣武将。这些人才成为曹操治理国家的坚实基础。从商业运作角度分析，曹操此举正是利用了天子的名人效应和朝廷的权威效应，制造轰动，引起广泛关注，从而大大提升了自己的号召力和资源凝聚力。可见，用好名人效应和权威效应，既能吸引人才，也可以提高企业或者品牌知名度，为企业创造利益。

第二件，稳固朝政。曹操肩挑"匡扶汉室"的大旗后，在其位思其职，做了许多利国利民的好事。东汉末年战乱不断，民不聊生。老百姓和将士们吃不饱饭，打不动仗，便有谋士建议曹操以皇帝的名义颁布政令，让老百姓休养生息。例如推行屯田、大兴水利、减轻赋税、发展经济等，让老百姓得以安宁，社会逐渐恢复生机，朝政趋于稳定。很多逃亡在外的臣子听闻这个好消息后，纷纷马不停蹄地赶往许昌，为东汉王朝的复兴出一份力。得到官员的认可和百姓的拥戴，曹操的能量更加强大，为其日后称霸北方汇聚民心。虽然有人认为曹操推行利民政策是为了收买人心，以掩盖其"挟天子以令诸侯"的不轨行为，但他的一番操作确实有利于百姓安居乐业，国家逐渐复苏。

第三件，四方征讨。天子在手，军令不愁。曹操打着"匡扶汉室"的旗号，借皇帝的名义开启铲除其他割据势力的历程。由于他站在政治伦理的制高点，其他割据势力即便不服也无可奈何。连刘备也对此十分敬佩。有了皇帝的助力，曹操先后消灭河内张杨，讨伐扬州袁术，击溃劲敌袁绍，瓜分荆州，收降汉中张鲁等，一步一步扩大自己的版图，坐实北方霸主的宝座。

春秋时期，齐桓公便"挟天子以令诸侯"，借周王之大旗成就第一霸主；北齐王朝的奠基人高欢也曾辅佐皇帝十数载，权倾朝野。"挟天子以令诸侯"就是借助权威的力量主导舆论，来达到某种目的，只要力度把握恰当，就能助自己事业飞升。曹操就是知进退，才会借力成功，既得到皇帝的默许、部分百姓和官员的支持，也丰满了自己的羽翼。擅于借力不仅在政治军事领域至关重要，在现实生活中也是一项重要技能，例如在职场竞争、项目执行和商业运作中，成功借力可以让自己事半功倍。比如，出版书籍时邀请业界权威人士作序、点评，能大大提升书籍的知名度、公信力。

司马懿：史上最佳"低调成王"范例

当竞争对手们正在上演"神仙打架"的剧目，而你又是诸多敌手的眼中钉时，最好的自保方式不是硬碰硬，而是埋下头装低调，借此迷惑敌人，暗中丰满自己的羽翼。待"神仙们"一一退场，你的时代也就到了。

西晋在华夏五千年的历史长河中宛如昙花一现。如果司马懿泉下有知，得知它只存在了四五十年，估计棺材板都压不住了。众所周知，和同一时期的大佬们相比，司马懿的最强技能之一就是"超长待机"，他熬死了诸葛亮和曹魏祖孙三代，成为曹魏政权最终的实际掌权者，为司马家族建立西晋打下了坚实的基础。

司马懿之所以能"超长待机"，是因为他足够低调。司马懿的低调可不是谦逊平和、淡泊名利，而是换个角度追求功名利禄。他的低调表现在：装病、摸鱼、忍辱。

司马懿出身名门，从小就聪慧敏学，成年后更是足智多谋、学富五车。由于在起跑线就甩其他同龄人几百公里，因此他对出仕的起点是有要求的。他二十来岁时被当地的"猎头"推荐给曹操，但此时的曹操还不够强大，天下局势不明朗，加之他的兄长已经在曹操麾下效力，他不愿把自己的前途和家族的希望押在曹营，于是就以生病为由拒绝了曹操的聘任。曹操对此十分不满，觉得司马懿是在轻视他，于是经常派人探听司马懿的情况，看看他是不是真的生病了。为了消除曹操的猜忌，他每天病恹恹地躺在床上，一"病"就是七年。即便曹操猜到他是装的，但因为没有找到破绽，只能放他一马。

直到曹操成为雄踞北方的霸主，司马懿才觉得时机到了，便在荀彧等谋士的引荐及曹操的恐吓下，接下了"任世子文学掾"这张"聘书"。"世子文学掾"主要负责曹丕的教育，类似于家庭教师，虽然职位不高，但可以经常接触曹营管理层的核心人物，洞察曹营的大小事宜。此时曹操手下能人辈出，司马懿大展拳脚的时机还没到，为了不得罪老一辈谋士、不被曹操忌惮，司马懿开启了"摸鱼"工作模式。每天给曹丕上上课、洗洗脑，闲了就偷偷观察曹操核心圈的动静，研究研究天下大势走向，日子还算安稳。

其实司马懿有很多次"出圈"的机会，但前辈谋士们的下场让他选择了闭嘴。曹操率军南征时，先以破竹之势攻下了荆州、新野、江陵等地，后计划南攻孙权。谋士贾诩、程昱等人先后进谏劝阻，但曹操一意孤行，结果在赤壁之战被孙刘联军打败，灰溜溜地撤退了。其实，司马懿也想借此机会劝谏曹操，大展身手，在曹营立威，可是看到曹操对贾诩等人的态度后，只能打了退堂鼓，闷不作声。后来，司马懿经历了荀彧"忧死"、杨修被冷落等事件后，行事更加低调隐忍。由此可见，**在职场打拼要懂得隐藏锋芒，否则可能落得个吃力不讨好的结局。**

司马懿虽然平日里低调，但只要时机对了，也绝不放过任何一个自我展示的机会。关羽率军发动北伐，围困襄阳和樊城，重创魏军，曹操心急如焚，萌生了迁都的想法。司马懿沉着冷静，认真分析蜀、吴两国明联暗斗的形势后，向曹操献策——联吴抗蜀。他们给孙权发了一张"许割江南"的协议，骗孙权协助魏国打配合。孙权果然上当，派大将吕蒙偷袭荆州，导致关羽战败身死。这一计既化解了曹魏的危机，也瓦解了蜀、吴多年的联盟阵营，可谓一石二鸟。司马懿因此在曹营露了脸，得到曹操的重视，为他日后的平步青云打下了基础。共同的利益把老板与员工凝聚在一起，一旦出现矛盾，员工低调"摸鱼"可达到避险的目的，但长此以往会丧失老板的信任和重视，只有在恰当的时候为老板创造价值，才会得到相应的物质奖励和上升空间。

随着老一辈谋士们的退休和去世，司马懿凭借绝对实力拿到了曹魏阵营中的话语权，开始对抗诸葛亮。司马懿了解诸葛亮，为了避免损伤，从始至终都在避免与诸葛亮正面交锋，无论诸葛亮在阵前如何叫骂都置若罔闻，甚至还穿上诸葛亮送来羞辱他的女性华服。蜀军粮草不足，不能长久对峙，诸葛亮反复北伐都没有讨到便宜，最终含恨逝于五丈原。这件事告诉我们，面对强大的敌人时该忍就得忍，只要熬"死"对方，就到了自己大展拳脚的时刻。

曹魏后期，以曹爽为首的宗室力量和以司马懿为首的儒派力量成为最强的两股势力。曹爽明里暗里都在排挤司马懿，司马懿并不迎战，而是故技重施，装病告老退休。司马懿表面卧病在床、疯疯傻傻，其实一刻也没有闲着，暗中策划了一场大阴谋。公元249年，魏帝曹芳举行祭祀大典，"病重"的司马懿突然率领将士发动政变，杀死大将军曹爽，夺得了曹魏的实际执掌大权，稳固了司马家族的权势，为"三国归晋"铺平道路。

司马懿这一生可以说是"地低成海，人低成王"。他用实际行动告诉我们，打不过、拧不动的时候要低下头来，守住性命、存住实力，在关键时刻打出"王炸"，就能一鸣惊人、一举功成。在职场中，行事低调可是一张护身符，不争蝇头小利就不会轻易树敌，不居功自傲就不会被领导忌惮，工作才能顺利开展。不过，想升职就不能仅靠低调了，还要在关键时刻主动出击，用实力说话，成为大赢家。

孙膑：胜利就是用好比较优势

世界上可能存在绝对高手，但极少可能存在绝对弱者。"天生我材必有用"，每个人都有自己的优势，只要善于挖掘潜力和努力提升优势，小人物同样可以有大作为。

战国时期的孙膑是一位军事家，他凭借用好比较优势成功改写了悲惨命运，为自己的人生撰写了出道即巅峰的精彩故事。

孙膑师从鬼谷子，善施奇谋，却被同门师兄弟庞涓陷害，受尽磨难后来到齐国，被大将军田忌收留，成为他的门客。虽然二者结下深厚友谊，但孙膑有大才，不愿久居田忌门下，渴望得到齐威王的赏识，一来可以施展抱负，二来也可以借力为自己报仇雪恨。后来，一场赛马为他创造了机遇。

齐国贵族喜欢赛马。这天，齐威王玩性大发，邀请田忌赛马。田忌也想把自己养育的千里马们牵出来遛一遛，便欣然应邀。赛马规则为双方各自选出上、中、下三等马进行三局两胜制比赛。

几个回合下来，田忌的骏马们不敌对方，连输好几场。田忌心情郁闷。孙膑也是围观群众之一，他认真观察了这几场比赛，经过一番比较，帮田忌想出一则计谋。

"将军，其实您还是有胜算的。"

"你能找到更好的骏马吗？"

"骏马不用换，把它们的出场顺序调整一下即可。"孙膑解释道，"您的骏马和齐威王的骏马实力相差不大，如果以强对强、以弱对弱，胜算很小，但是如果以强对弱，取胜的可能性则非常大。"

田忌听取了孙膑的建议，重新安排骏马的出场顺序，邀请齐威王再战一局。连胜几场的齐威王十分自傲，认为田忌是在自取其辱，便爽快地答应了。

第一场，齐威王的骏马以较大优势战胜了田忌的骏马；第二场，齐威王本是胜券在握的，可是赛场上的情况让他十分诧异，自己的马从一开始就被田忌的马压制着，总是慢一步，最终输掉了比赛；而接下来自己的下等马也被对方打败了。田忌最终赢得胜利。

齐威王连忙询问田忌："你难道把马换了吗？"

田忌笑道："马还是之前的马，只是出场顺序变了而已。"

原来这正是孙膑的计谋：以田忌的下等马对战齐威王的上等马，避开对方的绝对优势；再以田忌的上等马对战齐威王的中等马，以中等马对战齐威王的下等马，用好比较优势，获得最终的胜利。这正是以自己的优势攻击敌人的劣势，出其不意、攻其不备，提高胜率。

齐威王被孙膑的谋略折服，很快就封他为军师。孙膑的才能终于有了用武之地，他为齐威王出谋划策，多次大败敌人，还导演了"围魏救赵""围魏救韩"两出好戏，并在马陵之战杀死庞涓，大伤魏国的元气。孙膑报仇后离开齐国，再无消息。

巧用比较优势被广泛运用于军事领域、政治领域和经济领域。例如，求职者之间相互竞争时，都会选择展示自己的长处，借此打压竞争对手的短处。对于面面俱强的个人、企业或者国家，为了获取更大利益，要选择在最优领域大展拳脚，避免资源的浪费；反之，如果我们一时之间无法找到自己的比较优势，则可以在被强者淘汰的领域中寻找出路。

冯亭：换个思维，死地也能救活

　　当身处危机之中时，人往往因情势危急而心慌意乱，如能冷静处之，以自身根本利益为导向换个思路分析，常常能有出人意料的收获。

　　战国末期，韩国已经成为诸国中实力较为弱小的一个国家。它位于秦国、赵国和魏国之间，成为秦国的首要打击目标。公元前262年，秦昭襄王命武安君白起进攻韩国。不久之后，韩国军队连战连败，丢失了野王邑，导致上党地区与韩国之间的交通被阻断，成为孤悬在外的一块飞地。这时，韩桓惠王畏惧秦军，派阳城君为使者前去秦国都城谢罪求和，表示愿意献出上党地区，以求秦军停战，恢复两国之间的和平。秦昭襄王听到阳城君的话后非常高兴，一口答应了韩国的请求。

韩桓惠王随后派大臣韩阳前去上党地区告知郡守靳黈这一决定，命他做好与秦国交接撤离的准备，不料遭到靳黈的反对。

靳黈主张拼死抵御秦军，守卫韩国国土。韩桓惠王得知消息后又气又怒，对这位不执行他的投降政策的大臣非常不满，也担心秦国得知消息后派兵进攻。于是，他撤了靳黈的职位，又任命冯亭为上党郡新任郡守，负责军队后撤及向秦国投降事宜。令韩桓惠王想不到的是，这位冯亭也没有遵命执行，而是给他惹了一个大麻烦。

冯亭是韩的一位重臣，世代深受韩国王室的恩惠，对国家一直忠心耿耿。他自知韩国国力弱小，无法与秦国、赵国等强国对抗，只能在强国之间寻找机会尽力保全国家。当冯亭接到任命他为上党郡郡守的消息后就知道这是一个烫手山芋，他也明白国主的内心想法，但是仍不甘心就这样白白将上党郡让给秦国。

他苦思冥想之后，找到了一个既能执行韩王的命令又能削弱秦国军力的方法。他到任之后，将下属们召集起来说："我们与国内往来的道路已经断绝了，秦国军队每天都在向我们这里进军，形势危急，上党地区已经保不住了。我国无法应对秦军，不如我们将上党郡献给赵国。如果赵王接受我们献城，秦王肯定非常生气，必然发兵攻打赵国，而赵国被秦国进攻则肯定与我们韩国更加亲近。当韩国和赵国成为盟友之后，便能抵挡强秦的进攻了。"

在冯亭看来，上党地区是一片膏腴之地，且地形险要，也是秦国和赵国都眼馋的地方。面对这两个强横的国家，他唯有抛出这个具有巨大诱惑力的诱饵吸引二者相争，才能使弱小的自己在一片混乱中寻得胜利的机会。本就对投降秦军一事十分不满的下属们听完冯亭的分析后纷纷表示赞同。于是冯亭急忙派人向赵国的赵孝成王通报这个决定。

很快，赵孝成王接见了冯亭派来的使者。使者一脸悲愤地对赵孝成王说："我们韩国实力弱小，无法守住上党郡。我们韩王想将它献给秦国，但是上党郡的官民们都心向赵国，不愿意为秦国服务。如今上党郡共有十七座城池愿意一同归入赵国，希望大王成全。"

赵孝成王听后非常高兴，召大臣平阳君赵豹入宫询问他的意见。赵豹认为，上党郡郡守的这种做法有嫁祸给赵国的嫌疑，也会使赵国受到秦国的进攻，不同意接受上党郡的归附。

在赵豹离开后，赵孝成王思考片刻后又命人将平原君赵胜等人招来询问。平原君赵胜认为，通常派百万之众的军队进攻一座大的城池，用一年的时间也不一定能攻得下，如今赵国可以不费吹灰之力得到十七座城池，这是非常大的好处，应该把握住这种机会。

赵孝成王听后深表赞同，命平原君赵胜带人前去接收上党郡，并命使者转告冯亭，赐给他太守之职，并奖赏万户，其子孙代代为侯爵，且上党郡的官员和百姓均有封赏。

冯亭得知消息后却泪流满面，非常痛苦，拒不接见使者，他哭泣着说："我替国君守卫国土，没有以死明志是我的错误啊！另外，我没有听从国君的命令将城池献给秦国，这是我的第二个错误啊！我擅自将上党郡献给了赵国，得到了这些俸禄是我的第三个错误啊！"冯亭说完并没有接受赵王的封赏，将上党郡交接之后，就带人返回了韩国。

不久之后，秦昭襄王得知消息后非常生气，命令秦军进攻赵国，从而引发了秦、赵之间的长平之战。最后赵军大败，被秦军坑杀了四十万士卒，赵国军力受到极大削弱。而秦国国力在这次大战中也大幅受损，进入了休养生息的阶段。韩国的危险一时得到解除。

冯亭能在危局之中找到破局的关键点，并敢于违抗上命大胆出手，实现了驱虎吞狼的效果。事成之后又忠于主上，谢绝外国的封赏，展现了他果决而又严守底线的风范。

第三章

长袖善舞：策略在心，
职场生活春风得意

苏秦：用口才打造出古代"统一战线"

　　对于一个组织来说，如果能够慧眼识珠，及时将有才华的人纳入组织之中，那么不但能够得到一个有力的帮手，还能减少竞争对手的发展机会。

　　战国时代，征伐不断。各国为了称霸一方到处招揽人才，这给了那些有谋略且长袖善舞的有志之士施展才华的舞台。苏秦就是在这一时期脱颖而出的。

　　苏秦是一位纵横家。他充分发挥自己的游说之术，生生打造出一个合纵集团，让秦国十多年来不敢发动战争。

　　苏秦早期曾经在传奇人物鬼谷子门下学习，出师之后，他研究出一套合纵连横的策略，寻求明君的重用。他先见了周显王，周显王不太重视他，连见面的机会都没有给他，苏秦只好寻找下一位国君。他又千里迢迢去秦国，希望能够得到秦惠文王的赏识。但恰逢秦国刚刚处死了商鞅，对这些跑来献计的外国人心存提防。秦惠文王召见苏秦后，婉言谢绝了他的建议。

苏秦不愧是一位聪明异常的政治家，他身为东周洛阳人，对同时期其他诸侯国并没有归属感，很快就将自己原来策划的帮助秦国统一天下的策略改为六国共同抵抗秦国的策略，转变巨大。对于像他这样的奇才来说，为哪个国家效力都是可以的，只要能施展他的才华，他就愿意帮助其发展壮大。也正是他的这种随机应变，才使他得到受重用的机会，成为名噪一时的大人物。

苏秦离开秦国之后，求见了燕国国君燕文侯。在两人的交流中，苏秦充分展现了他高超的游说之术。他先是赞美燕国，说道："燕国是天下少有的具有各种保障的好地方，在这里人们能够远离征战，幸福快乐地生活，在这个时期是非常难得的。"

燕文侯听到后心中非常高兴，却不承想苏秦话锋一转，指出燕国存在的隐患。苏秦说："燕国一直和平是因为旁边的赵国，它挡住了秦国军队，这才没让秦国进攻燕国，因为那样即使秦国取得胜利也无法保住得到的土地。可是赵国与燕国紧紧相连，能轻而易举地侵略燕国，在几天时间内赵国大军就能来到燕国都城之下。"

苏秦的这一番话正中燕文侯的要害。他问道："请问先生有什么指教？"

苏秦胸有成竹地说道："我的建议是希望燕国和赵国合作，两国交好，消除隐患。然后和其他诸侯国联合起来一同抵抗强秦的进攻。当诸侯国以这个名义联合起来之后，燕国的安全问题就解决了。在这种情况下，没有哪个诸侯国会再来侵略燕国的，因为大家同时在这样的联合之中。"

苏秦这一番天下形势的分析、直击要害的恐吓再加上宽慰结合的话语深深打动了燕文侯的心。燕文侯决定支持苏秦提出的合作理念，为他提供了大量的金银财宝和仆人，并请他出使赵国，促进两国交好。

没多久，苏秦就带着庞大的队伍前往赵国。赵国国君赵肃侯听到消息后十分重视，他带领许多大臣驾车来到都城之外迎接苏秦。

在双方的正式会谈中，赵肃侯十分尊重苏秦，以谦虚的姿态向他请教问题，苏秦则自信地向赵肃侯讲述自己的见解。他首先指出赵国在外交方面存在的问题，他说："国家与国家之间的邦交直接影响国家的稳定和发展，只有找到适合的盟友，国家才能顺利发展。赵国现在对秦国顺从，这对赵国无益。"

赵肃侯听后深以为然，但他感叹说："我知道这个道理，但是秦国国力强大，军队又很厉害，我们不是他的对手啊！所以只能被迫如此。"

苏秦却郑重地说："大王说的有道理，仅靠你自己的国家与秦国抗衡，确实实力有所不足，但是我认为你有更好的办法来解决这个问题，那就是将诸侯列国的土地加在一起，这可是秦国的数倍啊！军队数量亦然。如果各国结盟共同对抗秦国，一定能获胜。之前很多表达联合之术的人，目的是希望分裂各国之间的外交关系，再利用秦国的国力逼迫他们各自割让土地。如果这种情况继续下去，那么秦国的国力会越来越强，各国则越来越弱。"

苏秦的一番话深深打动了赵肃侯，赵肃侯也拿出大批金银财宝交给苏秦，请他前去游说其他诸侯国，共同成立联盟抵抗秦国。

苏秦达成目的，便前往韩国。到达韩国后，韩宣王对他毕恭毕敬，诚恳地向他请教治国理政的方法。苏秦采取了与对待燕文侯相同的方式，以褒奖韩国开篇，然后直指韩国的致命弱点，表达了自己的想法。苏秦说道："韩国国土宽广，军队强大，城池坚固，而且善于制造兵器，这都得益于大王的精心治理。但是大王空有这些优势，却对秦国事事顺从，不单使韩国的国格受到侮辱，也成为诸侯国之间的笑料，这是一件很耻辱的事情啊！"

韩宣王听后感到很惭愧，脸色也不自然了。苏秦却继续说道："韩国再宽广，土地也是有限的，但是秦国的索取没有上限，你这么无底线地顺从，只能让秦国越来越强。老百姓都认为做人'宁做鸡头，不做凤尾'，可是大王有强大的军队，却以下人的身份迎合秦国，这与做凤凰尾巴的道理是相同的，真是耻辱啊！"

苏秦的一番话戳到了韩宣王的痛处，他生气地说道："我之前是做得很窝囊，但此后要洗心革面不再屈服于秦国，我诚恳地接受你的建议，也愿意遵从你的指导。"

就这样，苏秦凭借他睿智的政治头脑和高超的口才说服了韩国国主。韩宣王也向苏秦提供了大批珍宝供他做活动经费。之后，齐宣王、楚威王和魏襄王也被他说服。六国空前地团结在苏秦这个政治奇才的周围，于公元前 333 年在赵国的洹水会盟，结成共同抗秦的联盟，还一致同意由苏秦担任这次联盟的总负责人。六国的国君更是将本国的相印交于苏秦，方便他调动人员、安排物资、筹谋抵抗秦国事宜。在苏秦的多方奔走之下，六国同心协力，确实给了秦国极大的压力，秦国几乎无力招架。

苏秦从一个务农的贫穷小子成长为号令诸侯的联盟首领，实现了人生的跃迁，展现了超凡的才华。这既得益于他那颗不安分的心，也离不开他的能言善辩和社交能力。可见，一个人无论出身如何，只要他拥有上进之心和精湛的业务能力，再有出众的社交能力加持，那么走到哪里都会如金子般闪闪发光。

甘罗：年轻人也能成为外交大师

　　闻道不分先后，才华高低也与年龄无关，年轻人也能做出令人称道的成就。领导者的职责就是发掘他们的能力并支持他们施展才华。

　　战国末期，秦国一家独大，与六国之间展开了激烈的外交博弈和军事争夺。在这种风云际会的背景下，一个少年外交天才横空出世。他凭借过人的胆魄和手段，不费一兵一卒就为秦国赢回十多座城池。他就是历史上赫赫有名的少年上卿甘罗。

　　在那个时代，甘罗的身世有些坎坷。他年纪幼小时就经历了家族从大富大贵到落魄潦倒的剧烈转变。他的祖父甘茂曾任秦国左丞相，是秦国著名将领。甘茂在率军进攻魏国时，遭到秦王外戚向寿的诬陷，被迫孤身投奔齐国。最后，始终没能再踏上秦国的土地。

甘罗的家境虽然破败，但好在他与家人没有受到祖父甘茂的牵连。他生活安稳，也受到了系统的教育，在十来岁时就以机智和辩才闻名于秦国，被当时的相国吕不韦赏识，成为他门下年龄最小的门客。

他并没有因为自己年龄小而自卑，反而凭借聪明才智积极为国分忧。当时，吕不韦正准备攻打赵国。为了达成目的，他派出大臣蔡泽出使燕国，希望联合燕国攻伐赵国。蔡泽在燕国做了大量外交工作，终于说服了燕国国君，燕国国君派太子丹前去秦国作为质子以表诚意。满心欢喜的吕不韦根据双方的协议欲派秦国重臣张唐前往燕国做相国，但令他想不到的是，张唐居然拒绝了这个任务，还振振有词地说道："我以前奉秦昭王的命令进攻赵国取得了一些成果，导致赵国上下不仅很仇视我，还出了很高的赏格捉拿我。此次前去燕国会经过赵国，恐有性命之忧。"

吕不韦听后非常生气，但也无法惩罚张唐。不久，在吕不韦官邸做事的甘罗得知事情经过后，提出由自己前去劝说张唐接下这个任务。

吕不韦虽不相信他能说服张唐，但还是同意了。甘罗当即动身前去张唐的府邸求见。二人见面后，甘罗向张唐分析了这件事的利弊之处。

他问道："大人，你的功劳与声名卓著的武安君白起相比，是大呢还是小呢？"

张唐自觉不如。

甘罗又问道："那你认为以前秦国的掌权大臣范雎与当今丞相吕不韦之间，谁的权势更大？"

张唐回答自然是吕不韦权势更大。

甘罗抛出一个最关键的问题："那么范雎可以将没有遵守命令的武安君白起处以死刑，如今相国吕不韦任命你去做事却被你拒绝，你就不怕被处死吗？"

甘罗的一番话把张唐吓出一身冷汗。随后，他连连向甘罗道谢，并马上前去相国府向吕不韦认错并接受这个任命。

甘罗深知官场运作规则，在官大一级压死人的时代，敢于直接违抗上命者的，结局往往都很惨。因此，他看到了张唐的鲁莽之处和致命弱点，一番话下来便能轻易使张唐改变主意，保全了张唐的性命，同时也解决了吕不韦的烦恼。甘罗能做到如此地步已经远超很多官场老油条了，但他的布局才刚刚开始。几天之后，就在张唐准备妥当即将出发前去燕国就职时，甘罗又一次求见吕不韦，提出想去赵国为张唐疏通的请求，并请他赐给自己几辆马车、随从和部分物资。

吕不韦听后心情大悦，马上上奏秦王，嬴政同意了甘罗的请求。于是甘罗赶在张唐出发前以秦国使节的名义赶到赵国，见到了赵襄王。

甘罗与赵襄王会面时，直截了当地说道："我们秦国大王与燕国大王关系很好，燕国太子丹已经到秦国做质子了，这件事情大王你知道吗？"

赵襄王自然知道此事。

甘罗问他知不知道这意味着什么。

赵襄王有些跟不上甘罗的思路，摇了摇头。

甘罗说道："这说明我们两国关系非常好，随时都可能联合起来进攻赵国，也只有这样，秦国才能从赵国这里得到河间地区更多的土地。"

甘罗将燕国和秦国交好的目的一针见血地指了出来，赵襄王顿时紧张起来。

甘罗见状继续说道："其实大王知道秦国的目的之后，可以将河间地区中的五座城池送给秦国，然后要求秦国终止和燕国交好，并放燕太子丹回国，不再派张唐担任燕国的相国，还要支持赵国进攻燕国。如此一来，赵国就不再两面受敌，可以专心攻打燕国了。但条件是要将赵国的部分城池分给秦国作为回报。"

赵襄王同意了甘罗的提议，挑选了五座城池赠予秦国，然后派兵攻打燕国。秦国果然按兵不动，并未救援燕国。之后按照约定，赵国又将燕国的十一座城池送给了秦国。就这样，秦国没出一兵一卒就得到了十六座城池。这个辉煌的成果令秦王嬴政和相国吕不韦大喜过望，很快就将甘罗提拔为上卿，相当于左丞相一职，并将之前没收的甘茂官邸等财产全部发还给他以示奖励。这一年，甘罗年仅十二岁，但已经凭借不世之功在七国之间声名鹊起。

甘罗之所以能成功说服赵襄王，就在于他紧紧抓住了赵襄王内心的恐惧点和贪婪之心。赵襄王明知赵国无法独自对抗秦国，更抵挡不住秦国和燕国的联军夹击，却又对弱小的燕国有着觊觎之心。当甘罗以联军攻打赵国作为威胁，并以巨大的利益诱惑赵襄王时，身为一国之君的赵襄王就乖乖地臣服了。

晏婴：坚守原则且不得罪人是种本事

> 作为下属，既要坚守本分，坚持原则，又要以巧妙的方式帮上级提高觉悟，这样才能共同促进工作，获得多赢的效果。

春秋时期的齐国有一位"政坛常青树"，他在长达五十六年的从政时间里，先后侍奉过三代齐王。他为人正直，深受君主、同僚和百姓的敬佩，在政治斗争激烈的齐国能始终屹立不倒，靠的就是智慧的头脑和过硬的业务能力。他就是当时著名的政治家和外交家晏婴，被人尊称为"晏子"。

晏婴是名门之后，父亲晏弱乃齐国上大夫，父亲去世后他继承父亲官职踏入政坛。与当时的同僚相比，晏婴的外在形象着实令人不敢恭维。他身高约一米四，相貌普通，算得上是诸侯国中身材最矮的大臣了。但是他异常聪明机智，能言善辩，是辅佐齐国国君的一把好手。晏婴经常谏言规劝，屡屡收到奇效，且受君主赏识，智商与情商并存。

齐景公喜欢宝马良驹和名贵漂亮的鸟儿，并安排了下人精心喂养它们。他经常骑着骏马去打猎，或者在宫中逗弄鸟儿取乐。有一天，齐景公的骏马病死了。齐景公得知之后非常生气，将养马人叫到面前痛骂了一顿后，将其关进了监狱。

这时，在一旁的晏婴站了出来，他行过礼之后说道："大王，请您允许我列举他的罪状，让他明白自己错在哪里，然后再下放到大狱之中。"

齐景公甚觉有理，点头同意。

晏婴来到养马人面前，严肃地对他说："你有三大罪状，听我一一讲来。第一，大王让你养马，你却把马养死了。第二，大王因为你养死了马而判你死刑，这让齐国的百姓听到后会对大王心生不满。第三，诸侯国的国君们听到后也必然耻笑、轻视我们的大王。"

这时齐景公也冷静了下来，他听到晏婴这一番大有含义的话，一脸惭愧。他叹了一口气对晏婴说："你放了他吧，不要因为他的这点儿小事影响了我仁爱的本性啊！"

晏婴并没有直接劝阻齐景公，而是顺着他的想法将事情的不良后果夸大并展现出来，这样做既维护了齐景公的颜面，又让他及时醒悟。更巧妙的是，晏婴用话里有话的方式令齐景公维护了自己仁义的形象，主动下令释放了无辜之人。身为下属，晏婴不单忠诚，还能以正直之心辅佐君主，并用机智委婉的方式提醒君主的失当之处。他的这种方法看似简单，实则老辣，等闲之人很难如他这般做到于君主气头上劝谏成功。

有一年冬天，天气异常寒冷，连下了三天雨夹雪仍没有放晴。齐景公穿着用狐狸皮做的袍子坐在屋内，这时晏婴进来汇报工作。齐景公笑着说道："雨雪下了三天，我都没有觉得有多寒冷啊！"

晏婴听后问他："大王觉得现在的天气不冷吗？"

不等他回答，晏婴又说："我曾听说贤良的君主在吃饭的时候惦记着百姓们是否会挨饿，自己穿得暖和时也操心百姓们是否会受冻，自己在舒适地休息时也会惦记百姓们是否过于劳累，可是如今大王你不知道这些事情啊！"

齐景公听后恍然大悟，诚恳地对晏婴说："你说得非常好，我知道该怎么做了。"

随后齐景公就命令大臣将国库中的棉衣和粮食拿出来救援受灾的百姓，并且下令只要是在路上看到饥寒交迫的百姓就救济，不要问他来自哪里，并在全国范围内统计受灾群众人数，而不用把灾民的名字一一记下。

晏婴深知齐景公的心理，他并没有汇报受灾百姓的惨状，而是借用齐景公更关注的古代先贤君主的优良德行来提醒他。这种旁敲侧击的提醒更能激起齐景公与以前的贤明君王进行比较的好胜心，这样他就会以更大的力度赈灾。而且，那些赈灾的具体方式是齐景公自己提出来的，不仅加大了执行力度，而且也有利于他在齐国国内树立贤明君主的良好形象。可以说晏婴通过这短短的几句话不仅解决了国内百姓面临的实际问题，还激发了君主积极作为的精神，并且愈加得到君主的赏识，可谓一举多得。

周瑜：用颜值和才华征服君主和对手

在社会中，颜值和风度也是实力之一，如果再有出色的才华和社交能力加持，那么无论是竞争对手还是己方阵营都会对你赞誉有加。

三国时期，魏、蜀、吴吸纳了众多英豪为它们效力。周瑜便是吴国最为重要的人才之一。他出身官宦世家，学识渊博，堪称那个时代顶尖的政治家、军事家。值得一提的是，周瑜身材挺拔，容貌英俊，举手投足之间充满儒雅贵族之风，而且他精通琴棋书画，是一个有生活情趣的翩翩美公子。无论是朋友、下属，又或是敌人都被他英俊潇洒的形象和过人的才华折服。

东汉末年，破虏将军孙坚的大儿子孙策曾为袁术效力。后来，他奉袁术之命率领军队攻取了扬州、会稽、吴郡等地。不久之后，袁术自立为帝，孙策与其划清界限，据守江东之地，以观天下变化。在孙策初入江东之时，庐江郡的豪族代表周瑜率领家族兵丁主动前来效力，并献上大量钱粮，以解孙策的燃眉之急。周瑜还积极为孙策推荐许多有才华的人，如"江东二张"的张昭和张纮。在周瑜的多方奔走和牵线搭桥下，孙策帐下聚集了大量人才，这些人成为他在江东初期稳定政局、发展实力的重要人才团队。周瑜便是这个团队中的核心和灵魂人物。

对于孙策这位年轻的创业者来说，能得到文武双全且英俊儒雅的饱学之士的支持，是极其幸运的。孙策对周瑜推心置腹，不仅视其为兄弟，还给予绝对的信任，使周瑜在东吴政权中居于核心地位。周瑜凭借自己的出身和深受欢迎的社交能力为主公孙策拉来许多人才。

可惜好景不长，孙策便被对手许贡的门客伏击身亡。孙吴政权面临着分崩离析的危机。这时，年仅十八岁的孙策之弟孙权被迫继位。孙权在继位之时被一众臣下轻慢，远在外地指挥战斗的周瑜得知此变故后急忙率领精兵返回，在公开场合率先向孙权行臣子应有的礼仪以表明立场，并尽心尽力辅佐孙权。其他大臣和东吴地区的豪门贵族看到自己所景仰的周瑜如此行事，也纷纷收起对孙权的轻视之心，逐一行臣子之礼。

就这样，一场潜在的危机被周瑜轻松化解。年轻的孙权更是感激周瑜的支持和辅佐，对这位和自己兄长过从甚密的老大哥也尊敬有加，内政外交的大事都听取周瑜的意见。**俗话说："危难之际见真情。"周瑜在东吴两代国主的危难时期均鼎力相助，以自己的实际行动和高超的政治谋略帮助君主稳定形势、发展实力，自然得到君主无比的信任，也赢得了东吴百姓和大臣们的尊重和爱戴。**

周瑜在与同僚相处时，从不以权势压人，而是以个人的胸襟和出众的业务能力赢得他们的认同。但是身为江东十二虎臣之首的程普总看不惯周瑜，甚至借着自己比周瑜年长的优势多次当众不给周瑜面子，言语之间颇有不敬之意。曾有同僚劝程普收敛，但他不以为意，认为自己的才华未必比周瑜低。

心胸宽广的周瑜并未计较程普的失礼，而是始终以谦虚温和的态度对待这位老大哥。久而久之，程普被周瑜的温和有礼折服，不再傲慢无理，而是以发自内心的恭敬态度相待，并经常对身边的人称赞周瑜，不仅称他是一位真正的君子，还说："我们和周公瑾的交往就好比饮用醇美的酒，在不知不觉之间就会沉醉于他的气度风雅之中。"

周瑜明白，程普是一位功勋卓著的老将，忠心于孙吴国主，如果自己与他因为些许小事发生矛盾，一定会影响和谐稳定的政局。另外，周瑜熟读诗书，始终以儒家君子德行的标准要求自己的言行，也不可能因小事而与人发生冲突。他宽广的胸怀和温和谦让的处事风格成为东吴大臣们凝聚向心力的黏合剂。

周瑜在对待敌对势力时，则有着理智清醒的判断和高超的政治手腕。官渡之战结束后，曹操的实力日渐强大，他曾经派大臣前去江东送信，要求孙权将孩子作为人质送到曹营之中。这时，孙吴政权的实力较为弱小，孙权一时之间拿不定主意，就与大臣商议。周瑜认为曹操为人狡诈，不能向他屈服，否则他就会接连不断地提出新的要求，更不能将孩子送去作为人质。孙权采纳了周瑜的意见，也避免了在日后的三国争霸之战中受曹操的要挟。在此事上，周瑜立场坚定，态度坚决，表达意见不拖泥带水，但在与敌人的智谋斗争中，他又是另外一番表现。

曹操早就听闻周瑜有过人的才华，就找来周瑜的同乡蒋干，让他劝说周瑜归降。蒋干领命之后，便前去东吴以私人名义求见周瑜。周瑜知道蒋干能言善辩，且在为曹操效力，顿时就明白了他的来意。但是周瑜并没有下逐客令，而是热情地接待了蒋干，并询问他是否有来当说客之意。周瑜设宴款待蒋干，并以夔和师旷的故事表达了自己的心意。之后，周瑜不仅带蒋干参观军营，还带他一同鉴赏孙权赏赐的珍宝，再一次对蒋干表达自己的心意。

周瑜说道："我与君主虽然有君臣的名分，但情同手足，我会忠心侍奉君主。即使是古代著名的说客苏秦、张仪复生前来劝我，我也会拒绝并批评他们的行为，可以说没有任何事情能够动摇我的心智，我是不会为曹操卖命的。"

蒋干听后无话可说，只能以微笑应对，然后告辞离去。回到曹营之后，蒋干将事情讲述给曹操，并认为周瑜是一个雅量高致的人，无法利用功名利禄使他顺从。

周瑜得知同乡蒋干前来拜访时就明白了他的来意，但是他并没有直接拒绝见面，而是盛情招待，并以温和的话语表达出坚决的态度，在蒋干开口之前就用话堵住了他的嘴，以免节外生枝，横生波澜。可见周瑜考虑之深，做事之完备，不给敌人留一点儿可乘之机。此后，各地的文人雅士都对周瑜心生敬佩，大家都认为他是一个容貌英俊，忠诚与智慧兼具的大丈夫。

班超：文人带剑，该出手时就出手

任何一个组织的对外交往活动都离不开能言善辩而又柔中带刚的复合型人才，他们既能使人感到如沐春风，心生亲近，又能果断出手维护组织利益，允文允武才是这种社交大佬的最高境界。

东汉时期，有一个以替朝廷抄写文书为生的家庭，其主人名为班彪。他因为在西汉末年支持汉光武帝刘秀而被提拔为县令，后来班彪因病去职，只能在家中创作史书。他的两个儿子和一个女儿也受其影响，从事修史和文章撰写工作。大儿子就是后来鼎鼎有名的《汉书》作者班固，女儿班昭是当时著名的才女。但小儿子班超并不安于一直从事文字工作，希望能够远赴边疆，报效国家。

就这样，当时已经四十一岁的班超向皇帝上奏表明心志，后被派往东汉与西域接壤的边疆地带，在奉车都尉窦固的军中担任代理司马一职。窦固非常欣赏这位主动前来苦寒之地从军的中年人，也很敬佩他的才华。班超也以极高的工作能力和谦虚恭敬的态度与上司和同僚相处甚欢。不久之后，窦固命他率领一部分军队前去伊吾地区与北匈奴军队作战。

首次领兵作战的班超没有浪费上级送给他的这个机会，他依靠超强的军事能力指挥士兵取得了胜利。窦固非常高兴，派他和郭恂出使西域各国，说服他们归顺汉朝，贯彻执行西汉皇帝定下的截断匈奴的命令以及从西域获取人员、物资等补充的政策。

当时，西域诸国的形式异常复杂。从西汉末期起，随着朝廷内部频繁动乱，国家对边疆的控制力也随之下降。西域诸国在匈奴实力的威压之下纷纷归顺。因此，班超此行面临着十分不利的外交困境，甚至随时有性命之忧。班超虽是文人出身，却丝毫不惧，他渴望能够凭借自己的才能说服这些小国重新归顺大汉。在他眼中，这是头等要事，自身安全也要排在其后。经过一番筹备，他和郭恂带了三十多位精锐士兵作为随从踏上了出使西域各国之路。

他们这次访问的小国是鄯善国。起初，鄯善国国王得知有汉朝使者来访，便以隆重的大礼前来迎接，并举行了盛大的宴会招待他们，其间也表现出了心向汉朝的意愿。这令班超等人颇为欣喜。然而几天之后，鄯善国王却对他们避而不见，更不提与汉朝交往事宜。心思缜密的班超马上发现了其中的异常，这十有八九是匈奴人从中捣鬼。但自己身在异国他乡，打探消息并不方便，于是心生一计。他威严地对服侍自己的鄯善国下人说道："我早就听说匈奴使团来到了你们国家，他们住在哪里？"

鄯善国下人被问得猝不及防，张口结舌。班超确定了自己的想法，就命人将他捆绑了起来。未等大刑伺候，这位下人就将信息全部说了出来。班超思索一番后，有了计策。他知道从事郭恂胆子较小，未得命令不一定敢做一些冒险的事情，便瞒着郭恂将使团其他成员召集起来饮酒作乐。在大家酒兴正浓时，班超讲出了此事，并义正词严地说道："如果我们不除掉这个匈奴使团，那么鄯善国王很可能会心向匈奴，甚至把我们送给匈奴人当作见面礼。那时我们就性命难保了，还不如抢先下手占据主动。"

随从们听后纷纷赞同班超的意见。当天晚上，他们趁夜来到匈奴使团驻地附近，安排妥当后，放火并敲起战鼓，纵声呐喊。睡梦中的匈奴使团摸不清敌人的情况纷纷逃命，但是均被班超等人截获斩杀。

战斗结束之后，班超带领众人回到居住地才主动找到郭恂向其通报此事，并温言相劝，表示愿意将此次斩获匈奴人的功劳与他共享。面对班超主动伸来的橄榄枝，原本就对智勇双全的班超有所忌惮的郭恂看到事已成定局，也非常高兴。此后，郭恂在出使过程中对班超言听计从。第二天，匈奴使者的头颅便被扔到了鄯善国王面前。在班超的威逼利诱下，鄯善国王决定与汉朝交好，驱逐匈奴人势力。至此，班超出使西域的第一仗顺利完成。

班超带着鄯善国王愿与汉朝交好的信息回到军中，窦固非常高兴，上报皇帝。此后，班超被委任为负责与西域各国交往的第一人选。后来，班超多次出使西域，对心向汉朝的小国国王给予大量支持，而对拥护匈奴、敌视汉朝的小国进行严厉镇压。在他软硬兼施、以夷制夷的政治手腕下，西域各国陆续表示臣服，甚至远在帕米尔高原西边的数十个小国国主也都主动将嫡子送到汉朝作为质子，以表臣服，还有条支、安息帝国等国家也都主动派遣使者向汉朝进贡。班超在西域地区连续工作了二十多年，因其功勋卓著，被汉和帝封为定远侯，后世人称其为"班定远"。班超既能与上司和同僚同甘共苦，共享荣誉，又能以恩威并施的手段镇服西域诸国，有效稳定了边疆局势。

在国与国之间的博弈中，一位出色的外交家不但要有极好的口才和坚定的政治意识，还要能把握时机，有效地维护国家的脸面和利益。毫无疑问，班超就做到了这些，也因此名垂千古。这样有勇有谋、忠心耿耿的臣子是每一个上位者都求之不得的良才，自然也会鼎力支持他们的成长。

王安石：长袖善舞，借机实现抱负

俗话说："一个好汉三个帮。"再有能力的人，如果没人支持、协助，也难以成就一番事业。而要想获得他人的支持和肯定，出众的交际能力格外重要。

在魏晋南北朝之前的时期中，一个人若想进入官场并步步高升，首要的条件是看他出身的家族是否为门阀士族，倘若不是贵族，那么他从政的概率就会降低很多。然而，随着科举制度的诞生，这种局面逐渐得到改变。北宋时期，科举取士已经成为主要的人才选拔方式。同年（指科举考试同榜考中的人）举荐成为形成官场关系网的主要方式。也就是说，一个人要想在政治上有一番作为，那么就离不开一起参加科举考试的同年们的支持。王安石也是如此，慢慢在复杂的官场中站稳脚跟，并进入皇帝的视野，开始平步青云。

当时，年轻的王安石已经凭借着出众的才华成为比较有影响力的人物，他的朋友非常多，既有朝廷重臣和普通官员，也有平民百姓，但其中占据重要分量的就是他的科举同年。

他的父亲王益的关系网也对他助益颇多，比如范仲淹等著名人物都是王益的同年。年轻的王安石并非一个迂腐的人，他非常善于利用父亲的同年关系。为了得到当时已是朝廷重臣的范仲淹的认可，他多次写信给范仲淹，在取得初步联系后还一再以晚辈的身份登门拜访。当然，王安石的努力并没有白费，本就十分优秀的他很快就得到这些当朝大佬们的认可。这在有形、无形之中为王安石减少了从政之路上的许多麻烦。

考中进士之后，王安石更加喜欢交际，也格外重视同年之间的情谊。这些人在他心中就是没有血缘的亲兄弟。他们经常聚在一起吟诗作画，品酒赏梅，兴之所至时激扬文字，指点江山。这种心灵相通、意气相投的感觉令他分外沉迷，也格外珍惜。

王安石和吕公著为同榜进士，王安石始终将比自己大三岁的吕公著称为兄长，后者也对他十分关爱，二人情谊深厚。王安石初入政坛十余年的时间中，在遍察民间疾苦和与同年的交流中逐渐明晰了自己的理想，也逐渐和志趣相投的同年之间的关系更加亲密。在这期间，王安石还借助同学曾巩的引荐拜见了欧阳修、蔡襄等知名人物。在王安石离开地方进京做官期间，和同年之间的交流更加频繁，如吕公著、韩绛、韩缜、王珪、王陶等人，他们同在京师，经常聚在一起交流，相互支持，因为这份情谊，许多人成为王安石变法初期的重要支持者。

公元 1059 年年初，吕公著被任命为天章阁侍讲，为宋仁宗讲解四书五经等儒家经典。但是面对如此之好的机会，吕公著却婉言推辞，并推荐王安石代替自己。王安石也知恩图报，在此后不久，王安石被任命为知制诰以纠察刑狱。但是王安石认为吕公著更加适合这个职位，便向上级推荐他代替自己。

后来宋神宗继位后，将因母亲去世在家守丧的王安石召回京中重用。宋神宗之所以起用王安石，是因为在他还是皇子的时候，就经常听自己的老师韩维提起王安石，这给宋神宗留下很深的印象。他登基为帝之后，想要有一番作为，自然首先想到了王安石，认为他能帮自己打理朝政，改变宋朝长久以来的种种弊端。有父亲的同年和自己的同年在朝中声援，王安石得到宋神宗的认可之后，很快就筹建起变法的人才班底，如韩绛、陈升之、吕公著等人。在领导的器重和一众好友的鼎力支持下，王安石准备甩开膀子大干一场了，变法运动就此开始。

王安石一向正直，但忧国忧民的他也十分重视人际关系的威力，智慧超群的他自然对其善加利用，使其成为自己为官之路的极大助力，也借此实现了自己的理想。

郑和：有实力背书的仁德更受欢迎

在外交中，可以通过主动协商和利益交换来维护自己的根本利益，但还要有一定的实力加持，这样才能更容易达成自己的目的，成果也更为丰硕。

明成祖朱棣登基为帝后，曾派郑和七次下西洋，开辟了从中国至亚洲其他地区乃至非洲的航线，这是世界古代航海史上的一大创举，也是第一次通过海军向海外诸多藩属国展示了大明帝国的实力和不凡的气度。每一次航行出使访问，文武兼备的郑和都能秉承朱棣的旨意，以非凡的外交手段达成目的，赢得各国国主和百姓的尊重。据说郑和的本姓是马，他在少年时期就作为小太监被送入当时还是燕王的朱棣的府邸中做杂役工作。后来在朱棣发起的推翻建文帝的靖难之役中，郑和积极支持朱棣，立下了大功。郑和在第一次率领船队出使西洋时，精心挑选了出行路线，第一站便抵达了占城地区，也就是现在的越南中南部一带。

在郑和的船队出海之前，西南地区的安南国王野心勃勃，集结兵力进攻占城地区。占城由于国小兵少，屡屡战败，被侵占了大片土地。占城国王紧急派遣使者前往中国，希望大明皇帝能制止安南的侵略行为。朱棣得知后非常生气，派遣使者前去安南，命令安南国王停止进攻，收兵回国。但是狡猾的安南国王一边上表认罪道歉，一边继续侵占占城。朱棣越发愤怒，于是，命令郑和率领庞大的舰队前往占城，以示对占城国王的支持。当大明王朝的上百艘庞大舰船和两万多名士兵、船员出现在占城沿岸的海面上时，这一场景产生的视觉效果深深地震撼了占城国王。在郑和的指挥下，明军和占城军击败了安南军队。吃了大亏的安南国王只好乖乖收兵回国，并再一次上表谢罪。

占城国王和百姓则对大明王朝更加恭顺，积极响应大明皇帝的各种外交政策，支持大明船队在占城修建港口，建立后勤基地，开展经贸往来，并派遣使者进贡，以表谢意。

在大明海军船队强大实力的加持下，占城周围的小国也纷纷主动请求加入朝贡体系，以获取庇护。郑和则趁机向他们传达了大明皇帝的善意，并赠送他们中国的物品。

那时的东南亚地区小国林立，各国之间矛盾频发，战火四起，导致大明王朝在这里的威信受到削弱。而郑和船队的出现给那些心向大明的小国吃了定心丸。在郑和使团的支持下，他们陆续恢复了向中国朝贡的传统。同时郑和也致力于东南亚地区的和平，率领使团积极与各国交好，解决他们之间的矛盾，减少冲突。特别值得一提的是，郑和是一位有着优秀政治头脑的统帅，他并没有滥用武力使各国屈服，而是首先争取以礼服人，以和平的外交手段调解争端。对那些肆意扩张的国家再三警告之后才率军出击，干净利落地将其击败，维护了大明王朝的威严。

郑和率领船队来到暹罗和满剌加地区时，就以这种先礼后兵的方式警告不断挑起战火的暹罗王，并支持满剌加的首领拜里迷苏剌，还为其举行了盛大的封王仪式，使其得到了与暹罗王平起平坐的地位。郑和扶小抑大的策略阻止了暹罗等强国的扩张，实现了相对平衡的政治势力格局，也获得了满剌加国的衷心拥护。此后，满剌加历代国王均积极派遣使者前赴大明朝贡。对于那些小国来说，有一个像大明王朝这样拥有强大实力的大哥，不但不用担心受到他的欺压，还能经常受到恩惠和指点，这是他们的幸运，也更值得他们衷心拥护。

有一次，郑和抵达爪哇地区时，并不知道爪哇西王与爪哇东王正处于内战之中。爪哇东王实力不如爪哇西王，在连番战斗中兵败身亡，土地也被爪哇西王的军队占领。这时郑和船队中的商贸人员在不知情的情况下，深入内地开展贸易，遇到了爪哇西王的军队。这些士兵以为他们是爪哇东王请来的援手，不问青红皂白就杀了一百多个人。

郑和得知消息后非常生气，但他以冷静的态度调查了事情的缘由，发现这是一起因误会而产生的冲突。这时爪哇西王也得知了这件事情，知道大明王朝实力的他被吓坏了，连忙带上大量珍宝前往船队驻地请罪。郑和本可以将爪哇西王及其军队消灭，但他权衡利弊后，认为以和平的方式结束这次冲突对大明王朝更有利。于是，他接受了爪哇西王的请罪，表示不再追究此事，希望对方能心向大明，做一个忠诚的藩属国。惴惴不安的爪哇西王听后非常感动，当即答应了郑和的全部要求。此后，爪哇国一直奉大明为宗主国，经常主动派遣使者朝贡。

郑和忍了一时之气，却为大明换来一个忠诚的藩属国。郑和以成熟的政治谋略使得大明王朝的威名远播四方，海外诸国更加心悦诚服，他也因此名留青史。

第四章

知人识心：
顺人性而为，做人生赢家

范蠡：能做大事亦能自保的才是高手

> 深谙君臣相处之道，能够洞悉君主的内心，能做大事亦能自保，该出手时绝不手软，该收手时绝不张扬，想必这种能力是所有臣下都渴望拥有的。

范蠡其人，人送外号"范癫"，于楚国宛地三户邑的茅屋中出生。但是贫贱的出身并没有影响他开挂的人生，他自幼便与众不同，明明博学笃志，却经常以疯癫之状示人。饱读儒道墨兵及诸家著论的范蠡深谙装疯卖傻的玄机，他明白，显山露水未必是好事，唯收敛自我、明哲自保才是上策，如果真有伯乐，千里马终有驰骋之日。

果不其然，疯癫之态的范蠡，遇到了人生的第一个伯乐、知音，那就是时任宛县县令的文种。文种对范蠡倾慕已久，欲与此不俗之人共谋人生大计，便派小吏去请范蠡出山。不久后，小吏便快快不快地回来说："您大可不必高估此人，此人癫狂无状。"慧眼识人的文种听后忍俊不禁，决定去见识一下范蠡的恶作剧，没想到两人竟一见如故，成了志同道合的良友。

按理说对于范蠡这种旷世奇才，在楚国应该被委以重任，但是楚国当时政治混乱，范蠡无以施展宏图大志，于是，他和文种前往越国谋求官职。没想到屡遇贵人相助的范蠡在越国竟偶遇谋士计然。计然看出范蠡是个好苗子，于是收范蠡为徒，传授其政治谋略。拥有天资和韬略，再加上名师指点，范蠡很快便名震越国。这一震就震来了机会，越王勾践迫不及待地将范蠡招入麾下，纳其为谋士，从此，范蠡与文种一内一外携手主持军事。

公元前494年，越国在夫椒之战中惨败。生死攸关之际，范蠡提出以忍辱求全的策略暂时自保，等候时机，再图大业。于是，在其他谋士甚觉耻辱纷纷躲避之时，唯范蠡挺身而出随越王勾践入吴三年，备尝屈辱。

三年期满后，范蠡随勾践回国。为了一雪前耻，他一回国就与文种制定了复国策略：首先，表面对吴国趋炎附势，暗中与齐、晋、楚联合，以储备攻吴力量；其次，将美女西施送与吴王，以"美人计"来迷惑吴王，磨蚀吴王的斗志。"十年生聚"，越国暗蓄势力，蓄势待发，吴国则日渐式微。

十年一剑，利刃出鞘。公元前473年，勾践在范蠡的建议下乘虚攻吴。越军以"三千越甲吞吴"之势进攻，吴王夫差见大势已去，无奈自刎。胜利的凯歌奏响，一雪前耻成就霸业的勾践，在国都内大设宴席，宴请功臣良将。然而，人群中的勾践看上去似乎没有那么开心，沉默寡言之际显得黯然神伤，端着酒杯却无心畅饮，像有什么不为人知的心事。

洞若观火的范蠡一眼便看穿了越王的心理，他知道，身为灭吴功臣的自己一旦不懂得掩盖锋芒，就会受到勾践的猜忌，重整国威的勾践现在最大的后顾之忧，就是如何确保自己江山永固。想到这里，范蠡告诫自己：如若不及时急流勇退进行自保，恐怕有性命之忧。

第二天清早，范蠡便向勾践辞行，表达了自己归隐江湖的意愿。勾践听后极力挽留："希望你能留下来，我愿与你分国而治，不然，我将加罪于你。"然而范蠡早已看清勾践挽留背后的顾虑，于是他毅然放弃高官厚禄，将家产全部捐献后便悄然离越，秘密入齐。

范蠡离开后，第一时间想到了与自己风雨同舟多年的好兄弟文种，他作书劝文种也赶紧自保抽身："世事盛极而衰，要懂得进退存亡之道，鸟尽弓藏，兔死狗烹，先生要迅速抽离才是最好的自保。"文种看了范蠡的书信后犹豫不决。不久后，正如范蠡所言，勾践以

"企图谋逆"之罪赐文种自尽。

范蠡到了齐国后，隐姓埋名，化名"鸱夷子皮"。在齐国期间，他利用临海资源，经营渔业、盐业，短短几年便积累了丰厚家产。

齐王闻其才高志笃，请他做齐国的宰相。为相三年后，睿智练达的范蠡却感叹道："经商有千金之富，卿相之职又唾手可得，越是看似顺理成章的事，越是隐含着不祥的征兆。"于是，他再次选择急流勇退，归还相印，邀来亲友，散尽家财，连夜离齐。

之后，范蠡迁徙到陶丘，开始经商，自号"陶朱公"。由于经商有道，没过几年便富可敌国，其"商圣"地位，时至今日依然是无数人穷极一生都无法企及的高度。

范蠡的一生，入仕出仕、三散家财，视官爵财利为身外之物，在功成名就时全身而退，在风口浪尖处远走江湖。因此，他才能在韬光养晦之际明哲保身，得以善终，成为用兵胜孙武、经商成商圣、宦海沉浮而能自保的千古奇人。

赵奢：有能力也要善于领会上级意图

　　当一个有能力的下属能领会领导所思所想，急领导所急，并及时提出自己合理的解决方案时，自然会得到机遇的垂青，得到更广阔的发展舞台。

　　赵奢起初只是赵国一个寂寂无闻的小税务官，在刚任职不久后，就凭借有勇有谋的胆识被贵人赏识，摇身一变成了掌管国家财政的重要人物，轰轰烈烈且有声有色地完成了逆袭，这样一步登天的晋升速度用光速来形容都不为过。而且最不可思议的是，举荐赵奢升职的人，竟然是被他得罪的、顶头上级赵王的弟弟平原君。

　　事情起始于向王室宗亲收税的事件。战国时期，国家的税收大部分来源于底层农民，贵族阶级以及官僚集团总会想方设法规避政府税收。赵惠文王为此焦头烂额：如果强征税收，撼动贵族的利益，他们势必会产生敌对情绪，于时局和统一不利；如果视而不见、听而不闻，又会影响国家财政稳定。

而此时，审时度势的赵奢领会到了上级的意图，他做了一番缜密的分析后，决定直接从赵王的弟弟平原君赵胜身上开刀，以杀鸡儆猴的方式打响"收税之战"。赵奢心里很清楚："我依法收税，是收给国家，是顺应赵王的心意做事，你平原君作为赵王的弟弟，如果拒绝交税，就是与赵王作对；其他贵族不交税也许还说得过去，可你平原君偏偏不行！"

不出所料，当赵奢带着登记列表来到平原君家征收租税时，平原君家的管事个个冷眼相对，态度蛮横。百般扯皮后，赵奢忍无可忍，以拒绝纳赋税为由，先后将平原君家的九个管事家臣接连斩杀。权倾朝野的平原君得知此事后，怒不可遏："你赵奢不过一介小小税务官，竟敢在我平原君头上动土！我身为皇亲国戚，就连赵王都要让我三分，你居然斩我九个家臣，这不是明目张胆打我平原君的脸吗？"于是，赵胜扬言要杀赵奢而后快。

不过，深谙人心的赵奢心里早已想好了对策，面对来势汹汹的平原君，赵奢动之以情，晓之以理："您贵为王室贵族，如果能奉公纳税，税法的执行力度就会增强，财政是国家大事，直接影响国力国运，国家强大硬气，则赵氏江山永固。您是王室，国家兴旺，您的尊荣富贵能少吗？但如果赵国没了，您的富贵也就没了。您何等睿智，必懂得一荣俱荣的道理。所以为了赵氏政权的未来，您不妨先做出一点儿牺牲，这才是长久之计。"

平原君一听，觉得此言有理，马上幡然醒悟，心想："这赵奢不仅是个颇有远见的贤才，而且硬气得连赵王的弟弟都敢怼，是个做大事的好材料，这样的人做小官吏太屈才了。"于是向哥哥赵王举荐了赵奢。由此，赵奢完成了职场上的华丽转变，一跃成为赵国的肱股之臣。

职场逆袭之后，赵奢成了赵国赫赫有名的功臣，但是这些还不足以显示他善于洞悉上级心思的能力。公元前 270 年，秦国举兵攻打赵国的要地阏与（今山西和顺县）。阏与不仅地势险峻，而且距离赵国首都邯郸甚远。面对这种局势，赵惠文王内心其实更希望出兵迎战，以树国威，也趁势打压秦国的嚣张气焰。于是，赵王先征求大将廉颇和乐乘的意见："出兵伐秦是否可行？"谁知，一向果敢的两位大将一致认为阏与偏远险要，不符合天时地利的作战时机。

赵王颇感失望，转而征求赵奢的意见。深谙君心的赵奢早已读懂了赵王的真实意图，于是顺应赵王的心意说道："两军交战，重在勇力和士气，道路狭窄难行之时，正是考验将士魄力之际。狭路相逢勇者胜，只要审时度势先发制人，必所向披靡。"

赵王听闻此言正合己意，遂命赵奢带兵出征，于是赵奢摇身一变成了驰骋沙场的大将军。赵奢不仅懂得体察圣意，还极具战略能力，开始作战前他做了两步规划：一方面，在大军未到达阏与时，他便下令开始厉兵秣马，安置各种防御工程，每天布阵练兵，营造出一种作战实力薄弱的假象，目的是让秦军轻敌，放松戒备；另一方面，赵奢又暗中让平原君赵胜挑拨魏国和秦国的关系，以瓦解秦军的同盟。

万事俱备，只欠东风，在确定万无一失之时，赵奢策马扬鞭带着军队攻入阏与，并以迅雷不及掩耳之势占领制高点。秦军在前有强敌后无援兵的局面下，被赵军杀得落荒而逃。而赵奢也因此一战成名，在历史上留下了浓墨重彩的一笔。

赵奢的一生迎来两次巅峰时刻。第一次是大义凛然地劝平原君奉公缴税，最后不仅让平原君乖乖听话，还因此正式掌管财政大权。后来，他又游刃有余地转换角色，跃上战马成了杀伐果断的武将，以勇者胜的气势攻城破敌，一举拿下阏与。**而赵奢叱咤风云的背后离不开一个重要的法则，那就是：做事前先领会上级的真实意图。**正因为赵奢懂得揣摩上级的心思，知道秉公纳税和骁勇伐秦这两件事一定符合领导的心思，对赵氏江山永固大有裨益，所以他才敢以身涉险，最后化险为夷。

王翦：恰到好处的自污很重要

一个能力超强又功勋卓著的手下，既是领导所倚重之人，也会令领导有些心忧。这时，这个手下如能表示出对上级地位的无威胁性，则会得到更多的信任和支持，达到双赢的效果。

作为"战国四大名将"之一的王翦，是秦始皇统一六国的开国元勋。他战功赫赫，攻取邯郸、荡平三晋、征战楚国、剪除吕不韦，是继白起之后当之无愧的战神。然而，越是功高越有"震主"之嫌，越容易因此惹祸上身。可王翦却能在功成名就时得以善终，这种幸运离不开他恰到好处的自污。因为，"众人皆浊我独清"本身就是一种"异己"的危险信号，以自污来转移别人的忌惮，既能让对方放松警惕，又能护己周全。

公元前 225 年，秦王嬴政为完成统一大业，准备发兵歼灭大劲敌楚国，群臣将领们齐聚朝堂，共议伐楚战略。

秦王先征求老将王翦的意见，询问此次攻秦需要出动多少军队。王翦思虑片刻后说："面对坚如磐石的楚国，没有六十万军兵恐怕实难攻取。"

秦王甚觉不妥，转而问年轻的大将李信，年轻气盛的李信信心十足地说："以我秦国气吞山河的虎狼之师，再加上大王威震天下的气魄，吞并楚国只需二十万军队即可。"

李信一番豪言壮语，不禁让秦王喜不自胜，内心暗暗称赞李信果然是有朝气、有魄力。他认为王翦年事已高，缺乏魄力，已失去身先士卒的霸气。王翦见此景况，顺水推舟称自己难胜重任，该告老还乡。

与此同时，势在必得的秦王嬴政，遂派李信和蒙恬带二十万大军浩浩荡荡向楚国挺进，试图一举歼灭楚军。楚国也不甘示弱，大将军项燕亲临战场，以四十万楚军对阵秦国二十万大军。

经验老成的王翦已经料定李信惨败的结局。果不其然，李信带领的二十万秦军，寡不敌众，被楚军连破两阵后，一触即溃，败下阵来，李信仓皇而逃。秦王看着逃回来的残兵败将，盛怒之下将李信革职。

此刻，秦王想起了高瞻远瞩的王翦，于是屈尊降卑来请告老还乡的王翦复出，一展老将风范，攻楚振国，一雪兵败前耻。

眼明心亮的王翦见状，自然愿意带兵出征。壮士远征之日，秦王为了鼓舞士气，率领百官来到灞上为王翦践行。几杯酒下肚后，王翦故作惶惑不安之状说道："臣斗胆请大王御赐田地宅院，以备臣后世子孙不时之需。"

秦王听了笑着说："王将军是我大秦的肱股之臣，为我大秦称霸立下汗马功劳，寡人坐拥天下，大将军何惧以后没良田美宅？"王翦叹了一口气说道："大王废了分封制度后，臣封侯之望已无，所以只能为后世子孙求些恩赐了。"秦王为了安抚他，爽快地答应了王翦的请求。

大军行向边境的途中，王翦还不忘嘱咐使者一次次向秦王索要良田美宅。与王翦一同出征的将领们百思不得其解：平时骁勇善战的王将军怎么突然改了心性，变得目光短浅，只知盯着眼前的蝇头小利？

面对众人的疑惑，王翦说："其实我这样做，就是为了自污形象，营造一种胸无大志的假象。大王身为一国之君，为了灭楚，把所有兵权都交在我手中，但他不可能对手握兵权的我毫无猜忌之心，一旦他觉得我有可能起兵谋逆，轻者，我官职俸禄无保；重者，军心涣散，君臣决裂，恐怕还有性命之忧。所以，我不断向秦王求封赏，就是为了让他觉得我没有丝毫野心，不过是一个鼠目寸光的庸人而已，以此消除大王的不安和疑虑。"

果不其然，秦王觉得：这样一个胸无大志的人怎么可能叛乱夺权呢？于是猜忌之心尽消，将挥军伐楚的权力完全交到王翦手中。王翦也不负众望，再现秦军虎狼之师的气势，于一年之内攻下楚国。之后，秦王又放手让王翦出征百越，大战告捷后，王翦被封为武成侯。

王翦为了让秦王深信自己毫无异心，不惜自污、自损其名，以保君臣无嫌隙。君安则臣安，臣安则民安，民安则国安，这环环相扣的安定，皆来自王翦"自污以求安"的睿智。秦王统一六国之后，作为开国元勋的功臣王翦，却在锋芒正盛时适时收敛，悄然退出政治舞台，退出权欲的争斗，最终得以安享天年。

太子丹：拿捏人性，利用豪杰替自己办事

　　时移世易，但人性亘古不变。一个人若想成就一番事业，就需要洞悉人性，以恰到好处的方式使天下人才愿意归附效力，借用众人之力远胜过单打独斗。

　　起初，燕国太子丹在赵国做人质时，和同在赵国做人质的秦国的嬴政相处甚欢，只是那时嬴政还没有做王。后来，嬴政回到秦国后做了王，太子丹又辗转来到秦国做人质。没想到昔日好友秦王不仅不念旧情，还对太子丹百般羞辱刁难，太子丹因此心生怨恨，二人反目成仇。之后太子丹历经艰险逃回燕国，回国后一心想复仇，只是无奈燕国势弱，无法与强大的秦国抗衡。

　　然而，秦王为了统一六国主动向燕国发起进攻。眼看秦国浩浩

荡荡的虎狼之师直逼燕境，兵临城下，燕国江山岌岌可危。为了救燕国于危难之际，太子丹开始谋划刺杀秦王的行动。他一开始想请聪明且勇敢沉着的侠士田光出山，但田光深知自己已过风华之年，无法完成刺秦大计，于是推荐了荆轲。太子丹见到荆轲后，不禁大喜，只见其剑眉英挺、目光如炬，浑身蓄满爆发力，一看就是身手不凡的勇士，这不正是自己要找的刺客嘛！

精于拿捏人性的太子丹从此将荆轲视为尊贵无比的上宾，以最高的礼节待之。他为荆轲置美宅、设良田，荆轲的居所无不金碧辉煌、雕梁画栋。而且他还赐给荆轲数不尽的绫罗绸缎、华冠丽服，荆轲每每出入都衣冠楚楚。太子丹有时甚至还会将自己出行的车辇交给荆轲使用。

不但如此，凡是荆轲喜欢的东西，太子丹都会尽自己所能，满足他的需求。有时荆轲不好直接启齿，太子丹只要从荆轲的言外之意中稍有意会，就立刻投其所好为荆轲准备好。

某次，太子丹与荆轲驾马而出，两人一路高谈阔论，兴致盎然。说到尽兴处，荆轲指着太子丹乘坐的宝马"追风兽"赞叹不已，声称这是他见过的最健壮威风的良马。荆轲一直视太子丹为密友知己，自是无话不说，荆轲无意中说到，听闻千里马的马肝是天下难得的珍馐美味，就连龙肝凤胆都无法与之比拟。其实，荆轲这句话完全是无心之谈，而一心想利用豪杰荆轲为自己刺秦的太子丹听后，为了投其所好，竟不惜宰杀自己钟爱的千里马，为荆轲烹制了一道马肝菜。当太子丹将一盘马肝端来置于荆轲眼前，任其享用时，荆轲才知道，原来自己的一句无心之言竟让太子丹记在心里，并愿意为了自己献出爱马。想到这里，荆轲感动不已，自此发誓唯太子丹马首是瞻。

还有一次，太子丹看到荆轲在百无聊赖之际，拿瓦片砸水池里的乌龟玩，于是立刻命人为荆轲送来很多金瓦任他随意砸，还嘱咐荆轲，只要需要就会无限奉上。

面对如此倾心相待的太子丹，荆轲自是愿意为其赴汤蹈火，两肋插刀，肝脑涂地。眼看荆轲已经被自己掏心掏肺的真情所感动，太子丹趁势向荆轲提起刺秦计划，每说到伤心处还声泪俱下。一心想报答太子丹的荆轲当即表示愿意挺身而出，帮助太子丹完成刺秦计划。易水边，荆轲"此地别燕丹，壮士发冲冠"，为了对自己赤诚相待的好兄弟太子丹，义无反顾地踏上了刺秦之路。

太子丹用尽浑身解数来取悦荆轲，目的就是为了利用武艺超群的荆轲替自己完成刺秦大计。因此，只要能讨好荆轲，太子丹便不惜一切代价而为之：为了满足荆轲的珍馐之欲，太子丹甘愿献上钟爱的千里马；为了让荆轲消遣时光，太子丹不惜重金以金代瓦让荆轲随意挥霍。这些行为，都激发出荆轲心甘情愿为太子丹赴汤蹈火的动力。这就是太子丹懂得拿捏人性，利用豪杰替自己办事的高明之处。

贾诩：职场上要一眼看穿对手的软肋

一个人想在社会上有所成就，就要能在不显山、不露水之际，一眼看穿对手的软肋和死穴；能在审时度势之时，高瞻远瞩地看清领导的意图、顾虑和心思；并能在别人的前车之鉴中，分析利弊，看透事情的结局。

贾诩是三国时期曹操的谋士，少年时便表现出深谋远虑的才智。贾诩第一次出仕就遇到了作乱朝廷的董卓，他当时恰巧是董卓女婿牛辅的谋士，于是贾诩顺势而为跟从了独揽朝政大权的董卓。董卓被杀后，贾诩发现朝中众人不和，无以成大事，于是转投张绣，后与张绣一起投靠到曹操麾下。曹操谋士众多，入仕最晚的贾诩却最得曹操的信赖，而这位被称为"鬼才"的贾诩，除了拥有常人难以企及的谋略和勇气之外，还在于他懂得一眼看穿对手的软肋，在窥破人性方面堪称典范。

曹操当时已年过六旬，还没确立继承人。在曹操的众多子嗣中，唯曹丕、曹植两子具备当继承人的优势，于是二人开始了明争暗斗的继承人之争。与此同时，朝中群臣也随着继承人之争分裂出两大集团。

其实论才能，兄弟俩各有所长，哥哥曹丕是一个理性识时务的人，颇具政治头脑，有独到的军事谋略，这是有目共睹的；弟弟曹植感性浪漫，精通诗书，有着无与伦比的文学造诣，他就是谢灵运口中"天下才有一石，曹子建独占八斗"的文学奇才。

当时，在曹操心中，更倾向于立曹植为继承人。210年，曹操将自己的儿子们召集到邺城的铜雀台，让他们登台作赋，文采斐然的曹植果然脱颖而出，一篇行云流水般的《登台赋》让曹操对曹植钟爱有加。此后，曹操先是晋封曹植为平原侯，到了214年，又封曹植为临淄侯。明眼人一看便知，曹操已经把曹植当作继承人了。

见此情景，曹丕心急如焚，马上找到贾诩商量对策。贾诩跟在曹操身边多年，对曹操的秉性了如指掌，于是他信心十足地对曹丕说："你要装作若无其事，并且时刻透露出无争夺继承人之心的状态。只需严于律己，恪守德行，培养士人的责任感和高瞻远瞩的气度，以忠诚勤奋为基业，以尊长重孝为根本。"

曹丕听后甚觉困惑，这番言论更像是为人处事之道，与继承人大计无关啊，这说了跟没说有什么区别啊？但曹丕转念一想，贾诩是一个深谋远虑的人，他既然这么说一定有他的道理，不妨按照贾诩的建议先试试，看看动向再说。于是，曹丕装出一副对继承人不感兴趣的样子，每天两耳不闻窗外事，一心只放在修身养性的自我修炼中。

其实，贾诩的计策看上去虽然不动声色，其实却暗藏玄机。因为懂得洞悉人性的贾诩深知，曹植虽然才情甚高，却是一个自由随性的人，平时天马行空的他酗酒如命，而且还屡屡酒后生事，几次让父亲曹操勃然大怒。最重要的是，在曹植身边出谋划策的辅臣，都是表面阿谀奉承实则奸猾狡诈之人，而这将是令曹植失利的主要原因。

贾诩看清这一切后，认为曹丕只有用自强不息、秉公任直的态度显示其与众不同的政治谋略，才是直击曹植死穴最好的办法。所以，贾诩献计曹丕重道德、养气度，就是为了以此攻击曹植的软肋。因为贾诩内心很清楚，曹操为了曹魏集团的利益，一定会选择有定国安邦之谋略的人做继承人，断然不可能选择一个徒有才能却恣肆任性的人。

果不其然，曹操发现对继承人之争不感兴趣，一心只做正事的曹丕的确颇具帝王之风，他心里开始变得犹疑不定，一时不知到底该立谁为继承人。

这天，曹操请贾诩来共议立继承人之大事，讲述了自己内心的矛盾：想立曹植，又顾虑以他的心性恐难守大业；如果立曹丕，又担心他难胜大任。于是，曹操把这个问题抛给了贾诩。

贾诩内心的答案当然是拥立曹丕做继承人了，但睿智识人的他分析后得出一个结论：曹操虽有所顾虑但内心还是倾向于立曹植为继承人，如果此时自己提出异议支持曹丕，势必会让曹操觉得自己和他不是同心同德。

贾诩心想："曹操作为领导，肯定希望自己的决策高人一等，如果我这时力荐曹丕，并以慧眼识人的姿态表明立曹丕是长远之策，那就会显得曹操他这个领导还不如下属更有远见。这样一来，不仅于曹丕不利，多疑善妒的曹操还会因此视自己为异己。自古以来，夺嫡之争如走钢丝，稍有不慎就会大祸临头。"

所以，面对曹操的问题，贾诩起初只是蹙眉，做出一副若有所思的样子。曹操一看贾诩不作答反而陷入沉思，于是继续追问，贾诩装作沉思后蓦然惊醒的样子说："我刚才在想袁绍和刘表啊！"

原来，当年袁绍和刘表失势的祸根，就是因为废长立幼，这才让曹操有了可乘之机。以曹操的聪明，自然明白贾诩的言外之意，于是恍然大悟的曹操遂决定立曹丕为世子。

在曹操立世子的过程中，贾诩既能说服领导采纳建议，实现自己的目的，又能保证自己免遭猜忌，这无不与他拥有窥破人性、人心，一眼看穿对手软肋的谋略有关，难怪人们都称贾诩为难得一遇的"鬼才"。

曾国藩：想上位，就要洞悉人心、投其所好

> 大凡成功的人，都读懂了社会的生存法则和人性的方方面面，也由此历练出一双慧眼，能调动身边的贵人，为自己铺平道路，帮助自己实现梦想。

晚清名臣曾国藩，从二十八岁高中进士后，职场之路就开始变得一帆风顺，直到三十八岁做翰林、任侍郎，他凭借坚韧刚毅的性格，以及足智多谋的能力，在十年内连续七次完成轰轰烈烈的职场晋升，从一个普通的无名小官一路青云直上，最后跃上巅峰成为朝廷重臣。这光速般的职场飞跃堪称神话，令无数人羡慕不已。而曾国藩之所以能施展自己的抱负，得益于他懂得洞悉人心、投其所好的职场谋略。

　　起初，曾国藩在经历仕途坎坷被革职时，也曾极其窘迫。那时的曾国藩就明白，越是身处困境，越要逆流而上。而就当时眼前的现实问题，他一介书生，想要逆转命运的唯一方式，就是再次踏上仕途，拥有官位。于是，不愿坐以待毙的曾国藩决定想方设法东山再起，在风云突变的官场上寻找机会。

　　曾国藩学富五车，自然不缺文采，唯缺乏人脉是他的短板，于是他决定快速拓展、积累自己的人脉。作为读书人，自然有读书人特有的交友方式，由于被革职后的他空闲时间比较多，他便充分利用这些时间求学拜师，以寻找托起自己梦想的人脉背景。

　　饱读诗书的曾国藩文化功底本就深厚，再加上左右逢源的官场能力，他很快就得到一众名人官员的赏识。这时，他结识了生命中的贵人穆彰阿。

　　穆彰阿官位显赫，是朝中的兵部尚书，身为军机大臣的他深得道光皇帝的赏识。曾国藩在参加会试时，穆彰阿是当时的主考官、大总裁，因此他们之间可以说是师生关系。曾国藩很清楚，但凡为官者无人不想攀附穆彰阿，可很多人根本就没有机会。

　　穆彰阿位高权重，权倾朝野，自然一身傲气，曾国藩虽与其有过几次接触，可每次都只是简单寒暄几句便告辞，没有太多交集。曾国藩决定以师生关系为突破口，接近穆彰阿。经过一番研究之后，曾国藩知道穆彰阿爱好古玩字画，不禁心中窃喜，因为曾国藩在湖南长沙求学时曾经学习过古玩知识，而且还拥有较高的鉴赏水平。

再次拜访穆彰阿时，曾国藩直接投其所好，一番寒暄后便将话题引入穆彰阿最感兴趣的古玩鉴赏上，大谈历朝历代古玩字画的发展和演变，从东晋王羲之的书法，到唐代画圣吴道子的《送子天王图》，再到北宋张择端的《清明上河图》，等等。

一番交谈后，穆彰阿见曾国藩在古玩字画方面颇有研究，对其大为欣赏，师生之间由此变得亲密无间。此后，凡是自己喜欢的真迹，穆彰阿都会找曾国藩一起鉴赏，就这样，曾国藩成了穆彰阿的座上宾。

随着交往不断深入，穆彰阿得知曾国藩仕途坎坷的遭遇后，决定想办法提携他一把，曾国藩也因此迎来了逆转官场命运的机会。

曾国藩第一次见到道光皇帝是在三十岁，那时他得到一次道光皇帝的面试机会，他深知这次机会对他来说至关重要。他虽未见过皇帝，但听闻道光皇帝是一位励精图治的好皇帝。从那天起，他便将所有的精力都放在刻苦攻读上，从历代治国方略到大清的典籍纲纪，阅尽群书，并总结出一套整顿吏治的策略，以备面试时能投其所好，赢得道光皇帝的赏识。

洞悉人心的曾国藩很清楚，如果只是按照套路对皇上阿谀奉承，很难引起皇帝的关注。想要在面试中脱颖而出，就必须表现出与众不同的谋略、观点和见解。

那一天，曾国藩在吏部官员的带领下觐见了道光皇帝。此前未雨绸缪的准备，让曾国藩内心自信而笃定，因此，当君临勤政殿问其做官的第一要义是什么时，曾国藩胸有成竹地回答道："为官者最重要的就是'廉'，唯有廉洁才能守住大清基业，才能让江山帝位永延，才能不负圣恩。"

听了他的一番慷慨陈词，道光皇帝觉得曾国藩的确见识不凡，于是，顺着这个话题，又问了曾国藩很多整顿吏治的策略，曾国藩都一一对答如流。曾国藩的表现深得皇帝的认可，他从此开启了叱咤风云的仕途。

曾国藩虽然学识过人，但是当时官场中能力出众之人比比皆是，然而他却能受到军机大臣穆彰阿的青睐，最后又深得道光皇帝的赏识，很显然，他一路青云直上的过人之处就在于懂得洞悉人心并投其所好，他在人脉累积方面绝对是一等一的高手。他既不用钱财铺路，也不用奴颜婢膝地讨好别人，完全靠自己精湛的识人术在官场中站稳了脚跟。

李嘉诚：控制贪欲，不赚尽最后一个铜板

> 无论何种领域，投资都存在一定的周期性，永远不存在持续上涨的高点，所以，想成为一位成功的商业名流，就要学会克制自己的贪欲，适时住手。

被称为"李超人"的亚洲首富李嘉诚，有着无人能敌的投资能力，最辉煌时，李嘉诚集团的净资产创下了一万七千亿的天文数字。他的过人之处，除了卓越的眼光和特别的投资谋略之外，最关键之处还在于他一直以来奉行的"不挣尽最后一个铜板"的经商信条。从金融领域的种种结局来看，李嘉诚是为数不多的能够在功成名就之后安然退出的企业家，这在风云突变的金融界实属难得。

1993年，李嘉诚斥资八十四亿港元在英国创办了Orange电信

公司，以超前的战略思维提前布局并推出了 2G 服务。仅仅用了三年时间，在 Orange 电信公司上市后，李嘉诚套现四十一亿港元。

然而，1999 年，李嘉诚突然做出了一个让所有人匪夷所思的决定：卖掉 Orange。要知道，Orange 当时正处于运营的巅峰期，炙手可热的程度有目共睹，而且大将霍建宁为此付出了很多努力，以惊人的速度在短时间内将 Orange 做成了第三大移动电话运营商，用户量高达三千五百万人，同时在美国纳斯达克和伦敦证券交易所成功上市。无论从哪个角度分析，前景都是一片大好。

但李嘉诚觉得：见好就收，控制贪欲，不赚最后一个铜板，才是规避风险的明智之举。

原来，当时的两大电信巨头——英国的沃达丰和德国的曼内斯曼，都把英国视为投资宝地，并为此展开了兵刃相见的争夺战。鹬蚌相争，渔翁得利，与其参与争斗，不如做一个及时抽身、借机得利的聪明人。于是，在这种潜在的危机之下，李嘉诚决定卖掉 Orange，豪赌一把。

出售 Orange 的消息不胫而走，果不其然，沃达丰和曼内斯曼争先恐后抢着要拿下 Orange。不久后，尘埃落定，一番操作后，曼内斯曼从嘉诚手里高价收购了 Orange。

这一战，一千六百八十亿港元稳稳落入李嘉诚的腰包，此举直接拿下了香港开埠以来的企业最大盈利纪录。经此一战，李嘉诚从此夯实了华人首富的地位。

自 2013 年以来，李嘉诚开始将内地和香港的资产广泛转售，资金累计变现两千五百亿元。2016 年，李嘉诚在内地撤资时，很多人都看不明白这个操作，因为当时内地的房价处于涨幅较高的阶段，但是，李嘉诚就是不愿意赚最后一个铜板，再次选择了抛售。独具慧眼的李嘉诚自然拥有超前的金融前瞻性，他认为当时内地的房地产市场已经饱和了，此时风险大于机会，继续恋战只会得不偿失。

与此同时，撤资后的李嘉诚开始转投海外企业，投资产业涉及广泛，其中在英国的投资可谓声势浩大，投资金额至少四千亿港元，掌控了英国超过五十万平方米的土地资源、将近三分之一的英国码头、超过百分之四十的电信市场、百分之三十的电力、百分之二十五的天然气供应市场。李嘉诚也由此被称为"买下半个英国"的亚洲首富。由于在英国轮番轰炸的"狂买"，英国女王两次授予李嘉诚无上尊荣的爵位。就这样，在大家都不看好英国投资前景的态势下，李嘉诚却靠着无人能及的金融头脑在英国赚得盆满钵盈。

可是，就在这时，李嘉诚又一次选择"见好就收绝不恋战"的资本策略。2020 年，李嘉诚开始撤出英国的资产，以六十三亿欧元直接抛售了欧洲的电讯发射塔资产，以七亿两千九百万英镑卖掉了瑞银集团伦敦总部大楼……由于预判到俄乌冲突势必会引发英国资产的崩盘，李嘉诚未雨绸缪，及时逃顶。高瞻远瞩的李嘉诚转身去了越南，开启了东南亚的房地产项目，因为他洞悉到越南房地产正处于底部，是抄底的绝佳时机。

时间走到 2023 年，不久前又爆出李嘉诚突然以七折的价格售出香港地产，这一行为震撼了整个金融界。李嘉诚很清楚，商人经商如同候鸟寻木，宗旨必是"择良木而栖"。他以独到的敏锐眼光，看出了市场的周期性，所以再次选择见好就收，以备启动新一轮资产大腾挪。

李嘉诚始终秉持一击必杀的抄底和恰到好处的逃顶策略，在精准把握投资时机方面可谓技高一筹。控制贪欲、差不多就好、不恋战，不赚尽最后一个铜板，这是他的经商理念，也成就了他一生的辉煌。

第五章

控局：优秀的操盘手，
不问境遇，出手就成定局

管仲：能挣钱又能摆平麻烦的人最受器重

真正优秀的操盘者，无外乎拥有两种思路：一是把事情搞定，为自己打开局面创造利益空间；二是把事情搞大，在无限的影响力下解决麻烦。

被称为"春秋第一相"的政治家管仲，在历史上最浓墨重彩的一笔，就是在担任国相期间，辅佐齐桓公实现了"九合诸侯，一匡天下"的称霸大梦，将齐桓公推上了春秋第一霸主之位。而最让人津津乐道的，还是管仲通过运用"齐纨鲁缟"这个外贸策略，彻底在经济上制约鲁庄公的故事。正因为这样，也奠定了管仲在中国名臣史上无人能及的地位，就连孔子都赞不绝口地称道："微管仲，吾其被发左衽矣。"

　　春秋时期，诸侯称霸之战打响。听说实力最强的齐桓公想要称霸，其他诸侯国都胆战心惊，由于齐国的政治、军事实力遥居其他诸侯国之上，迫于高压，其他国家纷纷表示甘拜下风，承认齐桓公的盟主地位。然而，只有与齐国相邻的鲁国不肯屈尊降服，而是虎视眈眈，恨不得将齐国一口吞掉。

　　打不垮又劝不服，面对软硬不吃的鲁国，齐桓公一筹莫展，不知所措。为了消除齐国称霸道路上的绊脚石，齐桓公找来相国管仲商量对策，他忧心忡忡地对管仲说："鲁国虽然不及我们齐国强大，但是经济实力也不容小觑，如果有一天他们的综合国力超越我们，那我们的称霸大梦就彻底无望了。爱卿，不知你有何高见呢？"

　　运筹帷幄的管仲想了想，打算另辟捷径。他分析了两国的经济情况之后，决定以两国的重要经济产品——齐纨、鲁缟为核心，发动一场出其不意的经济战，通过经济制裁，迫使鲁国屈从于齐国的霸主地位。因为管仲心里很清楚，经济是一个国家的命脉，要想把鲁国打败，就要先搞垮它的经济，掐断它的命脉，看它如何翻身。

　　想到这里，管仲胸有成竹地说："大王若是听我的建议，我保证不久之后鲁国就会俯首称臣。这个办法很简单，从现在开始，要告诉全国臣民，以后不许再穿我们国家的纨衣，统统改穿鲁国的缟衣。"齐桓公不知道管仲葫芦里卖的什么药，于是决定照做，静观其变。

　　产于齐国临淄的纨，是一种白色的细绢，被称为"齐纨"；产于鲁国曲阜的缟，则是一种细白的生绢，被称为"鲁缟"。生产它们的产业分别是这两个国家的经济支柱，再加上齐、鲁是邻国，所以纨、缟交易是两国经济贸易的核心。

从那以后，齐国的街头巷尾呈现出一派盛穿鲁国缟衣的流行热潮，从王公贵族到平民百姓，衣服配饰都是用生绢做的缟衣。而且，在管仲的倡议下，齐国停止织缟行业，布料直接从鲁国进口。鲁国人看到鲁缟在齐国供不应求的生意前景，有利可图的买卖谁不愿做？于是鲁国人开始争先恐后地织起缟来。

管仲还发出公告，对提供鲁缟的鲁国商人大加奖赏：贩来一千匹缟，给鲁国商人三百金奖励；贩来一万匹缟，给三千金奖励。一石激起千层浪，商人唯利是图的本性让鲁国呈现出一片"家家纺机响，户户忙织缟"的景象。可让鲁国人没想到的是，当所有人都在"忙织缟"中做着发财的黄粱美梦时，鲁国曾经辽阔肥沃的土地，早已经荒草丛生了。

一年之后，正当鲁国上下沉浸在发财致富的喜悦中时，管仲猝不及防地下令终止与鲁国的所有经济贸易往来，严禁齐国进口鲁缟。同时，齐桓公又倡议全国臣民都换上自己国家的纨衣，热极一时的缟衣迅速被纨衣替代，从此齐国无人再敢穿缟衣。

这下可直接掐断了鲁国的织缟行业，鲁国百姓大量失业，鲁国经济趋于瘫痪。此时的鲁国不但田地荒芜，而且缟丝大量积压，鲁国上下呈现出一派颓势，百姓陷入饥馁劳顿之中。鲁庄公猛然惊觉自己上了管仲的当，试图通过停止织缟挽回颓势，可是此时已无力回天。鲁庄公很清楚，当下唯有向齐国求购粮食，才能解燃眉之急。

这正中管仲的下怀，看到鲁国来购买粮食，他顺势抬高粮价，此举不仅为齐国带来丰厚的经济效益，还把鲁庄公搞得特别被动，鲁国内部经济萧条，外部经济入不敷出。无奈之下，鲁庄公只好硬着头皮向齐国求援，并表示愿意投赞成票，听凭齐桓公的调遣，承认齐国在众诸侯国中的霸主地位，并最终签订了推举齐桓公的协议。

管仲通过运用"齐纨鲁缟"的外贸策略，以"不战而屈人之兵"的妙计，对鲁国实施经济制裁，并彻底摆平了鲁庄公。此后，管仲又以同样的智谋，采取以高价采购代国的狐皮、衡山的械器、楚国的生鹿等经济战略，摆平了这几个国家，为齐桓公称霸奠定了坚不可摧的基础。

一块布搞定一个国家，管仲不动一兵一卒，直接用"齐纨鲁缟"这一经济谋略征服敌国，这样的高明智慧，体现出他灵活应对各种境遇的操盘手能力。反观鲁庄公，缺乏大局观，只从眼前的局部利益出发考虑问题，结局不是蒙受各方面的损失，就是让自己陷入被动的僵局。管仲在这方面就是个高手，懂得随机应变，以统筹规划的思维方式解决问题，既能为国家赚钱，又能摆平麻烦，看来管仲的"法家先驱""圣人之师"的赞誉可不是浪得虚名。

李斯：成就老板，也成就了自己

　　良禽择木而栖，良臣择主而侍。作为一名有抱负的打工人，学会选择老板很重要，有能力、有格局的老板更利于下属的成长。而成就老板的同时，也成就了自己。

　　李斯是大秦帝国不可或缺的角色，他是秦始皇的丞相，是秦始皇南征北战、捭阖六国的重要军师顾问。他曾师从荀子，辅助秦始皇统一六国，并在废除分封、统一文字、推行货币等方面，为大秦帝国的江山霸业立下汗马功劳，而他自己也顺利完成人生逆袭，官至丞相，位极人臣，登上权力的巅峰。可见，秦始皇气吞山河、横扫天下的气魄，离不开优秀操盘手李斯运筹帷幄的谋略，李斯也因此跃上神坛，成为中国的第一丞相。而他举足轻重的地位，也取决于他"成就老板的同时成就自己"的职场智慧。

李斯是楚国人，起初只是楚国的一个小吏，他某次无意中看到厕所里的老鼠见到人便吓得四处逃窜，而粮仓里的老鼠不仅外形肥硕光鲜，还能以最悠闲舒适的状态食尽仓中美食。李斯见状顿悟，**人和老鼠一样，所处的环境和地位决定一切！**这件事改变了他的人生观，于是他发誓要改变安于现状的心态，翻盘人生。

于是，那之后，三十多岁的李斯来到咸阳城外。风餐露宿数月的他，虽然略显疲惫沧桑，但是，宏图大志在心里熊熊燃烧。这一年，恰逢秦王嬴政登基即位，但是，只有十三岁的嬴政尚无执政能力，一时间，丞相吕不韦权倾朝野，成为朝政的核心人物。

显赫的地位让吕不韦成了人们争相奉承的对象，吕府上下迎来送往，审时度势的李斯自然也试图想尽办法接近吕不韦。他固然师从儒家的荀子，但是思想更倾向于法家，所以不同于那些食古不化的书呆子。他心想："眼下各国争雄，正是建功扬名的大好机会，秦国野心勃勃，如果能顺势点燃一把火，不仅能成就秦国的皇图霸业，自己也能扭转乾坤、扬眉吐气，岂不一举两得？如此何不放手一试？"

这天，李斯再次来到吕不韦的府上碰运气，无独有偶，吕不韦正好有空，于是面见了李斯，而这一次的面见，李斯迎来了命运的转机。经过一番问讯，当吕不韦得知李斯师从荀子，一向仰慕荀子的他心花怒放，有其师必有其徒，吕不韦断定李斯是一个难得的贤才，于是委以重任，李斯也开始在参政的路上崭露头角。

可是，在相府任职显然不是李斯的志向，因此他在为吕不韦做事期间，也不忘放眼天下格局，观察局势的动向。后来经吕不韦的引荐，李斯做了秦王的执戟郎官，拥有了直接面见秦王的机会。在一次与秦王嬴政决定秦国政治命运和走向的面谈后，李斯在历史舞台上正式启动了以嬴政为领导、自己为执行者的大秦称霸规划。

那么，李斯是如何说服嬴政的呢？其实，李斯此次谈话大有玄机，他所提及的每一个重点，都是围绕着"成就老板"的核心展开的。

李斯对秦王说："大王，秦穆公当初称霸诸侯为何没有统一六国？就是因为那个时候，周王室还没有彻底衰败，秦国也没有兼并六国的实力，大环境不允许秦国雄霸天下、荡平诸国。但是，如今的形势正是成就霸业的最佳时机，各诸侯在兼并战争之后势力已逐渐削弱，反而秦国自秦孝公变法以来已经累积了雄厚的国力，拥有了权倾天下的能力。这是千载难逢的机会，若不能当机立断、趁热打铁，万一六国恢复元气合而攻秦，到了那个时候，恐怕权位基业也将拱手他人。"

分析完利弊之后，又给出答案，句句不离"成就秦王霸业"的实质性建议，李斯一番话说到了嬴政的心坎上，正如人瞌睡时有一个懂他的人送来了枕头。其实，嬴政从继位开始，始终在吕不韦这个权臣的操控下，满腔抱负难以施展。而李斯面面俱到的分析规划中，明确地提出并肯定了奸灭、吞并诸侯的国策，嬴政被彻底打动。就这样，李斯进入了嬴政兼并六国大业的核心圈，从此平步青云。

随即，在李斯等人的战略策划下，一场兼并诸侯的历史号角吹响了，而李斯也在这场硝烟迷漫的战争中跻身客卿，一步步由卑及尊，完成身份的逆袭。从一介小吏到第一丞相，他不仅成就了嬴政的丰功伟业，也成就了自己。

能看清大势的李斯，自然也懂得跟对人的重要性，所以李斯在仔细洞察了六国的局势后，选定了为秦国效力。在吕不韦手下任职后又深觉此处非久留之地，于是独具慧眼的他又转投年轻的嬴政。跟从嬴政后，李斯不仅鞍前马后忠心耿耿，而且能站在领导的立场想问题，他知道自己要说的就是领导想干的，因此他雄心勃勃的奸灭六国的言论，句句戳到了嬴政的心坎上，他也因此成为嬴政政权的核心。李斯以独到的才华和应对能力，不仅一举赢得领导的心，帮助领导成就统一大业，还由此改变了自己的命运，可谓是鳌里夺尊的布局高手。

萧何：做公司里不显山、不露水的"关键先生"

作为有为的下属，要能洞察时势，在风云诡谲的环境中，以睿智的见识为领导发掘成功的契机，设置成功的条件，最终也为自己建立卓越的功勋。

萧何是汉朝的开国元勋之一，然而在汉初三杰中，唯有萧何始终高居权力中心，为相十四载，长期保持屹立不倒的地位，在西汉朝廷中拥有常人无法企及的荣宠。在风云诡谲的楚汉之争中，刘邦正是在萧何这位"关键先生"的精心辅佐下才实现了宏图霸业，由此可见萧何具有不可替代的重要性。刘邦曾用一个巧妙的比喻一语道破萧何的关键性，他将萧何比作猎人，其他人比作猎狗，在狩猎时，猎狗固然重要，但最关键的还是指导猎狗的猎人，而萧何正是这样一位能够指点迷津的谋士。

萧何年轻时就表现出见识卓越、思维敏捷的潜质，且对历国历代的治国策略颇有研究，再加上他拥有谦逊低调的人品、德行，于是很快便当上了沛县的主吏掾。性格豪爽、喜结豪杰的萧何，入仕不久后身边就良友云集，其中包括泗水亭长刘邦、屠夫樊哙、车夫夏侯婴等人。

一番交往后，慧眼识人的萧何发现唯刘邦与众不同，风骨不凡，谈吐得体，颇有成事的大贵之相，于是对他另眼相看，常以职权之便协助、庇护刘邦。有一次，刘邦准备赶赴咸阳服徭役，一些朋友只送三百钱略表心意，唯萧何慷慨解囊送了五百钱，其实，他的偏袒倚重之心，皆意在栽培刘邦，使他声名渐闻。

果不其然，随着小集团的建立，刘邦成为沛县豪杰的领袖。公元前209年，随着陈胜吴广起义的爆发，各路起义军一呼百应，沛县起义也随之爆发。萧何在最关键时刻，以最高的呼声推举刘邦做首领。那时流离逃命在外的刘邦，身边已经聚集了数百名起义军，萧何建议沛县县令立刻将刘邦召回以谋大业。可目光短浅的县令担心刘邦聚众反己，萧何于是逃出城与刘邦会合，在关键之际力挽狂澜，与刘邦诛杀县令，并收沛县子弟多达三千人，正式扛起了起义大旗。

拥戴刘邦为领袖，萧何不只是口头承诺。起义刚开始时，刘邦兵力不足，经验尚浅，经常全军覆没，战败而归。危难之际，萧何以不显山、不露水的气度，在关中大后方积极筹备后勤工作。萧何很清楚，兵马未动粮草先行，为刘邦筹集粮草供应前线，是最关键的工作。不仅如此，他还树德立言，以自己光彩熠熠的人格魅力赢得老百姓的支持，使得更多的人愿意勇赴沙场，为刘邦的军队完成招兵买马的重要环节。

汉军攻入秦国首府咸阳后，兵将们在得意忘形之际纷纷乘乱强抢美女，掠夺金银财物，唯独萧何保持克制和清醒。他一不贪财二不恋色，而是以迅雷不及掩耳之势将秦丞相御史府包围，不准任何人出入，随即将和秦朝有关的所有信息，包括户籍、国策、法令等资料档案全部进行详细的清查，分门别类地逐一登记。

萧何收藏的这些档案，无论是重要的关塞边境、地理形势，还是各区域的风俗民情，都为刘邦日后征战治国留下了可靠的依据，使刘邦在对天下形势了如指掌的盛势下，快速推进了西汉政权的建立和巩固。在这个重要的环节中，萧何功不可没。

在关键的人才发掘和推荐上，萧何也是当仁不让。韩信是一位颇具军事谋略的悍将，当年，出身贫寒的韩信投奔刘邦，可是刘邦始终没有把其貌不扬的韩信放在眼里，只任命韩信做了个管粮草的小官。眼见自己卓越的战术在汉军军营中不得重用，心有不甘的韩信决意离开。

萧何得知此事后心急如焚，因为他始终觉得谈吐不凡的韩信，是个可用之才。眼看要错失一个难得的良将，萧何来不及和刘邦商量，骑上快马，带着随从追寻而去，终于在月色初上时追回了韩信。回到军营后，萧何向刘邦一次次说明韩信"国士无双"的重要性。起初，刘邦虽然立韩信为将，可始终对他不能绝对信任并委以重任。萧何看出端倪后，步步紧逼，刘邦不得已立下优待韩信的承诺，维护了韩信的尊严，并坚定了韩信誓死效力汉室的决心。

果不其然，骁勇善战的韩信在军事上战无不胜，最终势不可挡地击败了项羽。萧何再一次以关键之手力挽狂澜，使得刘邦和韩信双雄凝聚，为汉王朝找到了蓄力的起点，为刘邦最终夺取天下奠定了坚不可摧的基础。

纵观萧何一生，**他虽然从未身先士卒征战沙场，但他在大后方不显山、不露水的工作，却是刘邦胜利夺取天下的关键，这也是刘邦坚持认定萧何是功劳之首的理由。**萧何的过人之处，在于他慧眼识英雄，发现并拥立了刘邦这位布衣天子，难怪他被后世称为"萧何修法度，遗惠垂汉王"的天才。

成吉思汗：落魄小子也有逆风翻盘的一天

> 人在落魄至极时，如能仍然拥有不屈的心并积极向上，那么眼前的困难都只是他成功之路上的踏脚石，他终能迎来属于他的辉煌时刻。

从十三世纪初期开始，随着一个名叫铁木真的草原英雄的出现，欧亚大陆的大片土地被陆续征服。铁木真缔造了当时最为强大的蒙古帝国，让整个欧亚大陆为之震动。而在成为"日不落"的蒙古帝国的开辟者成吉思汗之前，铁木真只是个颠沛流离的落魄小子，是被遗弃在草原上与狼为伍的孤儿。后来，他又经历了饥饿杀戮、全军覆没、众叛亲离等九死一生的人生考验。但在每一次绝境中，他都能卷土重来，逆风翻盘，直至征服世界。

铁木真的父亲是蒙古乞颜部的也速该可汗，铁木真九岁时，随父亲去远方的部落提亲，在返程的路上误入敌人塔塔儿部落精心安排的宴会，父亲不幸中毒。

父亲惨遭不幸后，树倒猢狲散，乞颜部变得四分五裂。很快，部落的百姓都陆续跟随了泰赤乌部的首领，铁木真一家被抛弃。从此，铁木真跟着母亲开始了颠沛流离的生活，他们食不果腹，处境极其艰难。年少的铁木真由此开启了在艰难生存条件下的成长模式，学会了一切靠自己。

铁木真渐渐成长为一名智勇双全的蒙古勇士。然而，泰赤乌部的首领担心羽翼渐丰的铁木真有朝一日夺取自己的首领之位，于是打算先发制人，准备悄悄带兵捉拿铁木真一家。听到消息后的铁木真带着家人火速躲进山里，可穷追不舍的敌人还是将他们团团围困。胆识过人的铁木真为了救家人，竟独自一人闯下山，准备引开敌人，可寡不敌众的铁木真最终还是成了对方的俘虏。

当天晚上，看押铁木真的士兵告诉他，将在第二天晚上对他行刑。年轻的铁木真内心自是无比惶恐，可他心里很清楚，越是身处险境，越要临危不惧、方寸不乱。于是他脑子里反复想着应对的办法，他知道此次只有关键一搏才能置之死地而后生。突然，铁木真眼前一亮，灵机一动，想到了对策。他对看押的士兵说："大哥，对于我这个将死之人来说，最渴望的事不过是在临死前喝一碗酒，不知您是否可以满足我这个愿望？"士兵想，铁木真戴着枷锁，谅他插翅难逃，于是倒了一碗酒端到铁木真面前。铁木假意接酒之际，说时迟那时快，用木枷直接将其击晕，侥幸逃命。

死里逃生的铁木真从此开始了逆风翻盘的崛起计划。他召集父亲也速该的旧部，一步步将乞颜部重新组织，使其成为草原上的强大部落。在铁木真的治理下，蒙古呈现出前所未有的、势不可挡的崛起趋势。运筹帷幄的铁木真深谙草原上的政治策略和军事规则。随着战争实力的不断壮大，二十岁的他成了部落的酋长，他的战争谋略变幻莫测、神藏鬼伏，让人无法猜度，常常能够以少胜多。于是，他的部落很快发展成一支极具战斗力的军事力量。

当时的蒙古部落还处于分裂状态，局势动荡不安。善于审时度势的铁木真在这种颓势中看到了重整旗鼓的机会，他以独到的军事远见制定了一系列措施。他先是不断加强队伍的核心作战力，甄别、招募大批出色的将领和士兵，并与其他颇具实力的部落建立联盟，强强联手对抗外敌；随后，他以高瞻远瞩的政治家思维推出一系列改革措施，包括制定贴近民意的法律和制度，以确保后方的稳定性和军队的凝聚力。

作为部落首领，铁木真每次出战都能发挥出临危不惧的大将之风。面对敌人浩浩荡荡的大军，胸有韬略的铁木真明白，狭路相逢，压迫力越大越有机会触底反弹。果不其然，一场场厮杀后，素来强悍无比的敌人均在他的气势下落败。随着大刀阔斧的扩张征程，铁木真的战斗力得到显著提升，最终统一了整个蒙古草原，庞大的蒙古帝国由此诞生。

公元 1206 年，铁木真在蒙古草原上正式宣布自己为蒙古族的领袖——成吉思汗。立国称王的成吉思汗并没有停下征服的脚步，反而开始了他征战生涯中的一次重要战役，即兼并西夏。在开始这场战争之前，深谋远虑的成吉思汗没有贸然进军，而是对西夏做了一番详细的了解。知己知彼才能百战百胜。成吉思汗派遣军队越过黄河，进入西夏领土。军队一路披荆斩棘，攻城略地，最终，西夏被迫成为蒙古帝国的附庸国。

后来，成吉思汗迎来了他的高光时刻——他开始了对欧亚多国的军事扩张。他的蒙古铁骑所到之处所向披靡，摧枯拉朽，敌人无不胆战心惊、俯首称臣。最终，欧亚多国成为他铁骑下的版图，他也由此成为冷兵器时代笑傲沙场的战神。

铁木真从早年落魄的乞颜部首领之子，到翻盘成为成吉思汗，一路九死一生，经历了诸多曲折和挑战。而曾经的颠沛流离，不仅塑造了他铁骨铮铮的气魄，更塑造了他在风云突变的环境下临危不惧的决策智慧和战略眼光。这些经历，使他在统一蒙古各大部落的进程中，展现出常人无法企及的意志力和出色的领导力。而他的"日不落"传奇所呈现的不仅仅是蒙古帝国领土的扩张，更是他在一场场惊涛骇浪中的命运逆袭之战。

霍去病：英雄不问出处，用超额业绩来说话

> 作为组织内小团队的负责人，带领团队解决问题是你的本分，除此以外，能用创造性思维连续取得超额业绩才算是真的有本事。

作为下属，能为上级排忧解难并能提出创新型的解决方案，就能得到上级的认可。

西汉初期，由于兵力、军力处于下风，一直受到匈奴的侵扰，只能对匈奴示好，对其侵略边境的行为也是睁只眼闭只眼。到了汉武帝时期，西汉的国力、军力大大增加，汉武帝开始了与匈奴的战争。但是在初期，匈奴发挥游牧民族的骑兵优势，仍然胜多负少。直到军事天才霍去病横空出世，才扭转了双方的战略态势。

霍去病在短短的数年内以创造性的军事战略战术解决了一系列与游牧民族作战的难题，取得多个丰硕的战果，成为公认的少年军神，也得到了汉武帝的众多赏赐。

霍去病的母亲名叫卫少儿，只是平阳侯府的一位侍女，父亲霍仲孺是平阳县中的一个小官吏，二人私通生下了霍去病。卫少儿有一个妹妹，就是被汉武帝立为皇后的卫子夫。借着这层关系，霍去病成为皇亲国戚，身份显贵起来。他从小聪明伶俐，喜欢骑射，后被汉武帝招为随从，担任侍中一职。向往军旅生活的霍去病经常向汉武帝请求从军。公元前 123 年，汉武帝提拔十八岁的霍去病为剽姚校尉，并命他跟随他的舅舅大将军卫青一同赴边关同匈奴作战。

汉武帝和卫青都打算在艰苦的军旅生涯中磨炼霍去病，希望他日后能成为汉军中的大将。令他们想不到的是，霍去病在这一次战争中就大放异彩。

霍去病来到军中后向卫青讨要了八百名精于骑射的士兵，按照战略部署作战。他带领士兵轻车简从，直接狂奔数百里袭击了尚在修整中的匈奴军队，斩杀了与匈奴单于伊稚斜的祖父同辈的籍若侯产，还俘虏了多位匈奴的高级官员。霍去病的这次战斗收获惊呆了所有人，他们都想不到年纪轻轻的霍去病在第一次领军作战中就能有如此骄人的战果。汉武帝得知消息后非常高兴，不仅封他为冠军侯，对他麾下的士兵也多有封赏。

霍去病在这次的战斗中善于寻找战机并紧紧抓住机会，且大胆采用匈奴的作战方式——骑兵对骑兵，以敌人意想不到的方式发动进攻。他的这次战斗最大的意义就是证明了汉人骑兵也能长途奔袭，并在荒漠草原中取得胜利，改变了汉朝传统的以步兵为主、骑兵为辅的作战方式，为战胜匈奴提供了战术上的实践，解决了他的一大心结，自然也得到最高统治者的另眼相待。

公元前121年，汉武帝提拔霍去病为骠骑将军，再次进攻匈奴。霍去病仍然采用长途奔袭作战的方式越过焉支山，行军一千多里，在到达皋兰山下时，对匈奴军队发起突袭，成功斩杀了匈奴折兰王、卢侯王，尽数歼灭这个地区的匈奴精锐八千九百多人，俘虏了浑邪王子和相国、都尉等高级官员，并俘获了匈奴人的祭天金人。这次战争，霍去病不但沿用了上次证明行之有效的骑兵战术，还大胆起用了归降于汉朝的匈奴将士。同时，霍去病率领的军队采用了"就食于敌"的策略，极大地减轻了对后勤支援的依赖，更利于他寻找战机，大范围快速移动，也使得敌人无法摸清他的战略意图，给了他各个击破的机会。

霍去病率军返回国内稍事休整后，于这一年的夏季又奉命出征，从北地郡出发，开始了第二次河西之战。霍去病与合骑侯公孙敖各领一支军队，分路出击，合围匈奴主力。

趁匈奴人放松警惕，预料不到他们会在刚结束一次战争又发动战争的时刻，采用大迂回战术发起了进攻。但想不到公孙敖的部队在进入匈奴领地后迷失了方向，大军未能按时赶赴约定地点与霍去病军队会合作战。在这种情况下，倘若是其他将领，就会采取保守策略以免战败，但霍去病纵览全局后选择了孤军深入，率领军队继续袭击匈奴人。霍去病带队来到祁连山下，斩杀了匈奴士兵三万人，俘虏了匈奴的五个小王以及单于的夫人和孩子数十人。另外还俘虏了相国、将军、当户、都尉等官员六十多人，投降的官员就有两千多人。相比之下，霍去病所率领的部队损失仅有三成，他又一次获得了空前的胜利。

匈奴单于伊稚斜对多次战败非常愤怒，要将浑邪王抓回来秘密处死。不料走漏了风声，浑邪王得知之后联合休屠王准备向汉朝投降，并向汉朝派去了使者。汉武帝得知消息后大喜，派霍去病率领军队前去处理接受投降的事宜。霍去病在即将抵达浑邪王的营地时，得知有一部分匈奴人并不愿意归降汉朝，密谋杀死浑邪王后逃回草原。霍去病当机立断率领精锐部队冲入浑邪王大营接走了浑邪王，处死匈奴士兵多达八千多名。

霍去病以随机应变、果断干脆的作风化解了这一场危机，确保了有心归降汉朝的匈奴高官和部众的人身安全，使得汉武帝分裂匈奴人、招降匈奴人的战略意图得以顺利进行。此后，汉朝的西北边境地区终于免去了受匈奴侵犯的担忧，这些地区的戍边士兵数量也随之大幅减少。由此可见，霍去病并非一介莽夫，反而能深刻理解上级领导的战略意图，并能认真贯彻执行，既忠心耿耿，又拥有解决重大难题的超强能力。

左宗棠：必要时也能自带干粮为公司做事

在公司遇到危机之时，如果一个人能挺身而出，利用自己的资源为公司解决困难，那么这样的人一定会赢得所有人的尊重，成为公司离不开的重量级人物。

在晚清内忧外患、岌岌可危的艰难处境下，名臣左宗棠以力挽狂澜之势顶住压力，达成兴办洋务运动等成就。但其中最为人津津乐道的，还是他自带干粮收复新疆的赫赫之功。面对即将丧失的国土，深明大义的他挺身而出，率领湖湘子弟不远万里抬棺出征，收复新疆，演绎了一段晚清领土失而复得的奇迹，可谓荡气回肠。

晚清时期，时局动荡，中亚浩罕汗国军事头目阿古柏趁机步步逼近新疆，逐渐向北扩张，按照这个势头下去，新疆早晚失守。而在这个时候，英国又趁乱从中作梗，试图通过阿古柏来控制新疆。阿古柏有了英国这样的大靠山，侵略扩张就更肆无忌惮了。

新疆危在旦夕，千钧一发之际，放眼整个朝廷，没有几个人愿意迎难而上挂帅出征。左宗棠听闻后临危受命，领兵出征。可祸不单行，就在他开始紧锣密鼓地筹备出征事宜时，日本入侵，东南沿海告急。

于是朝廷出现了另一种声音。李鸿章提议，当务之急是守住东南沿海，新疆远在西北不足以造成威胁，而朝中大臣竟也一边倒地附和李鸿章的提议。

深明大义的左宗棠当即拍案而起，坚决表示反对此卖国之举，他慷慨陈词："我之所以认为收复新疆势在必行，是因为只有保住新疆才能保住蒙古，才能守住京师，寸土不让才能救国！"

与此同时，心急如焚的左宗棠向朝廷发了一封万言书，请求下旨收复新疆。朝廷收到万言书后，起初对此还是犹豫不决，心怀家国的左宗棠得知后不达目的不罢休，他以决不妥协的倔强之势，将一口棺材停在院子中，发誓不收复新疆绝不苟活。朝廷看到他的决心，遂下令支持左宗棠对新疆用兵。1875 年 5 月，被任命为钦差大臣的左宗棠正式负责收复新疆的军务。

兵马未动，粮草先行。行军打仗，怎能没钱没粮？左宗棠开始了收复新疆之役之前最重要的一项工作：筹备粮饷、军饷。然而，左宗棠很清楚，在收复新疆这个庞大的工程中，解决粮饷问题是难中之难，因为当时正逢晚清颓势，财政捉襟见肘，国库没钱的朝廷打仗，打的都是穷仗，朝廷拨下的两百万两银子的军饷对于接下来的战争只是杯水车薪。

左宗棠只能自己想办法筹集粮饷。他先是拿出自己全部的家当，可是以一己之力无以凑足巨额的粮饷。东拼西凑好不容易又筹集了一部分费用，但这些对于庞大的行军费用而言不过是九牛一毛罢了。

于是，左宗棠决定找富商筹集资金。在使命的催促下，左宗棠开始四处奔走，不停地在富商的府邸之间穿梭，一刻不停地寻找解决方法。在这个艰难的过程中，他随机应变、不卑不亢地与富商们交涉，时而恳切请求，时而坚定承诺，以此说服富商，博取他们的认可和支持。

可是，无论怎么筹借都无法解决如此巨大的军费问题。左宗棠灵机一动，想到了在商界举足轻重的胡雪岩，希望他能牵线搭桥，找外国银行筹集资金。胡雪岩很了解左宗棠的为人，与之惺惺相惜，于是他毅然出手相助，顺利帮其联系外国银行，以解左宗棠的燃眉之急。

1876 年 4 月，军队一路向西，左宗棠骑马在前，数名将士抬着一口棺材紧随其后，进军新疆。这是左宗棠自带干粮、自筹军饷打响的一场特殊战役，他再次以棺木为证，立下不收新疆不归还的决心。

随着战事的深入，如左宗棠所料，之前筹集的几百万两银子如流水一般花费殆尽。左宗棠依然采取老办法，自己找胡雪岩向外国银行借了一千多万两银子。没有粮饷就想方设法筹集，筹到粮饷就马不停蹄地开战，心系国家的左宗棠永远知道自己什么时候该做什么事。左宗棠一路势如破竹，踏平北疆、收复南疆，平定阿古柏。

从力争收复新疆，到得到朝廷的支持，再到自筹军饷、自带干粮备战，直至抬棺出征誓死捍卫国土，左宗棠的独特之处不仅在于他出色的政治智慧和统帅能力，更在于他在腹背受敌、四面楚歌的危难中，展现出的事事以大局为重的非凡决断力。都说他是晚清最后一块硬骨头，他自带干粮为朝廷解决问题，也是他骨子里透出来的铮铮硬气。

俾斯麦："风浪越大鱼越贵"背后的精准冒险

> 即使身处不利的境地，只要能以共同的利益吸引盟友，借力打力，就能化险为夷，改变被动的局面。

十九世纪中叶的欧洲大陆上，德意志邦国尚未形成统一的政权，但人民要求民族统一的呼声越发强烈。其中以奥地利和普鲁士最有实力。普鲁士贵族俾斯麦在 1862 年成为首相兼外交大臣，他在议会的第一次演说中就表达了"要用铁和血解决德国统一问题"的信念。在强国林立的欧洲，任何一个大国都不允许出现一个新的德意志强国。因此，如何将德意志邦国统一成强大的帝国，极为考验这位宰相的政治能力。

俾斯麦是一位意志坚定、学识渊博的贵族。他在国王威廉一世的支持下，开启了德意志统一大业之路。谙熟国际政治的俾斯麦知道丹麦、奥地利和法国是普鲁士崛起之路上最大的三个阻碍，此时普鲁士的实力远不如丹麦和法国。想要在这种几乎令人绝望的环境中雄起，就离不开高超的外交手腕。

俾斯麦将目标放在了丹麦。丹麦位于德意志邦国的北边，其中德意志人占多数，他们大多心向普鲁士。丹麦于1863年出台了新的宪法，想将两个公国吞并。这引起了该地区德意志人的极力反对。早已等候多时的俾斯麦抓住这个机会开始在国际舆论上抨击丹麦的错误做法。

之后，聪明的俾斯麦并没有独自进攻丹麦，而是先令奥地利意识到丹麦的行动对其利益产生影响，游说奥地利的统治者一同进攻丹麦，并商定取胜后，双方各分一个公国。在巨大利益的诱惑下，奥地利的统治者同意了俾斯麦的建议，双方组成联军并于1864年2月向丹麦宣战。当年10月，战败的丹麦同意签订合约，放弃吞并行为。此后，普鲁士和奥地利分别占领了石勒苏益格公国和荷尔斯泰因公国。

在这次战争中，俾斯麦还通过共同作战深入了解了潜在对手奥地利的军队实力，对其弱点了如指掌，也为日后击败奥地利做好了准备。俾斯麦巧妙地通过国际舆论，联合有共同利益的国家一起打败了自己的宿敌，这种借力打力的巧妙方式既减轻了普鲁士的战争消耗，也扩大了统一战线，提升了战胜的概率。在接下来的两次统一战争中，俾斯麦将这种方式运用得炉火纯青，使得国王威廉一世看到了在四战之地中崛起的希望。

接下来，俾斯麦按兵不动，主动交好意大利。他知道意大利对于奥地利夺走威尼斯地区一直耿耿于怀，因此，他以此作为诱饵与意大利结成同盟，商定共同进攻奥地利，事成之后，威尼斯地区由意大利接管，意大利则支持普鲁士将奥地利踢出德意志邦国的圈子。

在完成多方外交活动之后，俾斯麦与奥地利掀起了普奥战争。被蒙在鼓里的奥地利面对普鲁士和意大利的两面夹击很快战败，不得不向拿破仑三世请求调停。热衷于充当欧洲大陆调停人的拿破仑三世满口答应。这时，奥地利的维也纳成了威廉一世和军队的目标，这种难得的军功和荣誉令他们不想放手。

但是，冷静的俾斯麦却极力反对，认为战争的目的已经达到，现在到了和谈的时候。在俾斯麦的多番劝说下，威廉一世同意停火，不再进攻维也纳，给拿破仑三世和奥地利的统治者保留了颜面。根据和谈约定，奥地利不仅退出德意志邦联，还同意了普鲁士建立北德意志邦联的要求，并将荷尔斯泰因地区划给普鲁士管理，威尼斯也被归还给意大利。就此，在俾斯麦的合纵连横和精准把握时机下，基本统一了德意志地区。不久之后，俾斯麦又故技重施，打败了法国，获得大量的战争赔偿，还导致拿破仑三世政府的倒台。

俾斯麦善于利用外交能力，并以共同利益为诱饵组建有共同目的的联军，集中力量攻击主要敌人，屡屡获胜。他这种在危险之中合纵连横的政治手腕成为德国崛起的最大助力。

第六章

带队：善操盘组队打怪升级者，
方为高手

杨坚：宽厚而有方略的团队架构师

一个创业者是否优秀，要看他能否在短时期内组建高效精干的创业团队，一个能牢牢抓住机遇的人，才能一路披荆斩棘，成为优秀团队的支撑者。

在中国历史上，隋朝是一个比较特别的朝代，开国皇帝杨坚不但以较低的难度夺得了皇位，还在短短十几年时间内完成了统一南北的大业，并进行了诸多体制改革，这都得益于他高超的团队组织能力。

公元 580 年 6 月 8 日，杨坚受命辅佐年幼的北周静帝。事发突然，他并未做多少准备，但是，面对此天赐良机，他果断赶赴都城。之后，他发现这是废掉小皇帝自己取而代之的好机会。但是杨坚的主要势力都在扬州，都城中自己人较少，贸然行动风险较大。于是他马上采取了一个大胆的办法——先组建班底，然后再进一步策划。

首先，他依靠的是自己的朋友和家族亲人，将其中忠诚于自己又有才华的人放到朝中各个重要职位。这让他很快掌握了都城及周围地区的局势。然后，他以各种理由将忠于北周朝廷的官员贬职或打入大牢，减少反对力量。紧接着，他大胆任用保持中立的北周官员和将领，许诺保留他们的荣华富贵，有表现优异者将给予更高的奖赏。最后，他寻访各地才能之士，以谦虚的态度和丰厚的赏赐力邀他们前来加入自己的团队。**就这样，杨坚接连使出几个高招，迅速壮大了自己的创业团队，紧紧抓住了机会。后来，杨坚登基成帝，摇身一变从一位职业经理人变成了公司的所有者。**

高颎是当时有名的青年才俊，文武双全且做事勤恳用心，但官职较低。杨坚早就听说过高颎的大名，便派人邀请高颎为自己做事。高颎听后稍加思索便一口答应了下来。当时像高颎这种投奔杨坚的人才很多，在短时间内就丰富了杨坚的人才库。这些人之所以如此容易被说动，是因为他们身处政权更换频繁的南北朝时期，耳闻目睹了许多类似的事情，且北周也是西魏朝廷的重臣宇文觉发动政变后建立的，因此他们对杨坚的所作所为并没有太多的抵触心理，反而更加看重杨坚的为人和韬略。

就这样，北周朝廷上下都有杨坚安排的人。这时的杨坚并没有急于篡权夺位，而是施展他的治国理政能力，接连发布了一系列新的命令，如将以往严苛的法令条文放宽，减少老百姓受到刑责的次数，并大力倡导节俭生活。这些政策颁布后，在杨坚的亲信大臣们的极力推动下，很快就得到实施，也受到北周百姓的热烈欢迎。各地都称颂杨坚。至此，**杨坚的宽厚人设在北周的大地上树立起来，百姓们对他的认可度也越来越高，这时改朝换代也更容易被百姓们接受。**

公元 581 年，北周静帝宣布禅让帝位给杨坚，杨坚登基称帝，改国号为隋，年号为开皇。杨坚称帝后，对跟他一起创业的团队班子进行了重重的封赏，重用北周有才能的大臣。但是刘昉、郑译等一些人认为杨坚对自己的封赏不够理想，心生不满，经常抱怨，杨坚便逐渐限制他们的权利，后来免去了他们的官职。这些人准备效仿杨坚，再来一次政变，却被早有防备的杨坚一网打尽，杨坚将其全部处死，消除了隐患。

坐稳皇帝宝座的杨坚开始进行大刀阔斧的改革。他结合以前朝代的政府体制架构推出了三省六部制，把地方行政制度改为州、县两级，大幅度精简了中央和地方的机构数量，也减少了很多吃财政饭的无用人员。

醉心于改革的杨坚还认为朝廷的人才都来源于门阀贵族，不利于皇权稳固。他仔细研究了历史上的官员选拔制度后，命人制定了新的选官制度，即科举制，其被沿用长达一千三百多年。在杨坚的规划下，科举制度能为他的王朝带来源源不断的各阶层人才，确保大隋王朝长治久安。但令他想不到的是，他为杨氏皇族打造了如此高端的人才选拔制度和团队架构，却毁在了宝贝儿子杨广手中，使这一切成为唐朝的嫁衣，真是造化弄人啊！

韩信：带团队既要战略出众又要战术优秀

> 团队一把手既要是战略家，也要是战术指挥家，这样才能真正被下属敬佩，也才能在瞬息万变的竞争中带领大家取得不凡的业绩。

韩信是秦末汉初的著名军事家。他早年生活潦倒，经历了诸多不如意之事。他刚开始曾经追随起义军项梁和项羽，后又投靠刘邦，但均没有受到重用。

深感失望的韩信准备离开刘邦，另寻良主，这时，萧何及时出现，上演了一出"月下追韩信"的故事，萧何郑重地将韩信推荐给刘邦。刘邦手下既有勇武过人的将领又有忠心耿耿的文臣，但是缺少能够运筹帷幄、决胜千里的统帅。韩信的到来恰好能为他弥补这个致命缺陷。而萧何也正是看到这一点才使出浑身解数挽留韩信。

韩信也没令刘邦失望。他们见面之后，韩信就讲出自己对天下局势的分析，提出应对之策。他说项羽虽然被称为"西楚霸王"，但只有匹夫之勇和妇人之仁，已经有不少手下对他心生不满，这也已经成为他的致命弱点，而他还不自知。他希望刘邦能够反其道而行之，首先打败秦国的章邯、司马欣等人收复三秦之地；然后利用之前进入关中时颁布的约法三章赢得民心，扩大队伍；最后，出关收服其他诸侯王。刘邦听后恍然大悟，感到非常高兴，连连向韩信鞠躬并感叹地说："先生大才啊，你就是我的救星啊！我认识你的时间太晚了，以前怠慢了先生，是我的错，我向你道歉。"

刘邦主动向韩信道歉示好，令韩信心生知遇之感，毕竟他在其他地方一直受到排挤和冷落，而刘邦的这番言行恰恰打动了他敏感的心。

在刘邦了解了韩信过人的军事战略能力之后，马上举行了隆重的拜将仪式。在之后的作战中，韩信没有辜负刘邦的信任和希望，他展示出惊人的作战指挥能力。无论是几千人的小规模战斗，还是几十万人的大兵团作战，韩信都能从容指挥，智计频出，屡屡得胜。可以说，韩信就是刘邦创业团队中优秀的攻坚小组组长，他能根据手下将领的能力和特点分派相应的任务，并能提前洞悉对手的作战意图，敏锐地抓住对方的漏洞予以致命一击。

公元前206年，韩信为了实现之前定下的收复关中地区的战略，派兵大张旗鼓地维修之前被烧毁的栈道，令章邯以为他们要从栈道方向出兵，将戒备的重心放在了这里。想不到韩信却率领精锐部队走了一条不为人所知的路线，在陈仓地区一举打败了大意的章邯军队，之后很快就将三秦地区纳入刘邦的势力范围。

后来韩信又带领一万多人的军队，从井陉地区进攻赵王歇的军队。赵王歇急命部下将领在井陉布置了二十万大军迎战。韩信看到双方兵力悬殊，就大胆采取了一个新的战术。他先派两三千人的骑兵部队赶赴赵王歇大军的侧后方，隐藏起来等待时机。然后他率领剩余的军队主动进攻。赵王歇将对阵的地点选在了大河边，韩信军队背水列阵。赵王歇见对方兵力不足且没有退路，便派兵出营作战。想不到汉军看到自己没有退路，只能拼死搏杀，反而将赵王歇的军队打得节节败退。这时，提前埋伏的骑兵迅速攻入赵王歇的军营，并插上了准备好的汉军旗帜，导致赵王歇的军队出现混乱和溃败。韩信趁机进攻，活捉了赵王歇，杀死了不少对方将领。

韩信用兵犹如神助，往往能以敌人意料不到的方式进攻作战，自然会收到奇效。在楚汉争霸的过程中，韩信也指挥手下将领上演了一出出精彩的军事指挥好戏。

公元前203年年底，汉军和楚军在垓下地区进行决战。知道自己几斤几两的刘邦将全军的指挥大权悉数交给韩信，让他指挥各方面军与项羽的楚军对阵。项羽手下有十万军队，采用典型的正面硬刚的方式进攻，而韩信则选择正面退让、侧面攻击的方法，既躲开了楚军最为猛烈的进攻，又攻击了楚军薄弱的侧方和后方，将楚军包围。但他并没有命令军队与楚军拼死相搏，而是在晚上双方收兵休息的时候，让自己军中的楚国人唱歌，瓦解楚军的斗志，此时再发起进攻，楚军的抵抗就弱了很多，汉军便占据了主动地位。项羽在战败之后率领精锐部队突围逃跑，但是被料敌如神的韩信派兵紧紧围追堵截，得不到喘息的机会，身边的精兵也逐渐伤亡殆尽。最终，项羽在乌江边自杀身亡，楚汉争霸就此结束。

在刘邦的争霸天下之路中，无论遇到何种军事难题都能被韩信轻而易举地化解，加快了刘邦一统天下的进程。这都得益于韩信敏锐的战场洞察力和杰出的军事指挥才能。千军易得，一将难求。这句话用在韩信身上十分贴切。刘邦对韩信这样优秀的统帅给予了充分的支持和信任，自然也得到了良好的回报。

朱元璋：把乌合之众聚成有战斗力的组织

> 一个团队只有老板和普通员工是无法成事的，还需要一些忠诚做事的将才作为骨干力量带领员工战斗在一线。

元朝末年，在腐败朝廷的压迫下，各地农民纷纷揭竿起义。年轻的朱元璋也投奔起义军以求谋得一条生路，很快成为起义军将领郭子兴的亲兵。朱元璋做事认真勤快且智勇双全，对上级下达的命令总是不折不扣地执行，取得不少战果。郭子兴十分赏识他，不仅将他提拔为亲兵队长，还把自己的义女马氏许配给他。此后，朱元璋的实力一路飞升，但他始终保持低调勤恳的作风，无论是战场缴获的战利品，还是上级的赏赐，朱元璋从不独占，而是将大部分分给身边的部下，深得士兵们的拥护。

朱元璋不仅赢得了普通士兵的爱戴，在与上级相处中也懂得分寸，进退有度。他在攻取了定远、滁州等地后，将当地的败军打散并收编到自己的麾下，兵力达到了三万多人。不过他主动把兵权上交给郭子兴，自己仍然作为他帐下的一员将军听从差遣。**他的主动让权赢得了郭子兴及诸多同僚的赞赏，也使郭子兴越来越器重他。**后来郭子兴去世，朱元璋开始领导这支军队，率军争夺天下。但是作为起义军中的一员将领所做的事，和自己想要逐鹿中原所做的事情截然不同。朱元璋审时度势后，决定在已有的忠诚部下的基础上再扩大自己的人才队伍，以增强实力。事实也的确如此，朱元璋虽然有勇有谋，但缺少大批人才的辅佐。

于是，朱元璋不仅在繁忙的战斗间隙四处寻找人才，还不断向当世名士求教。朱元璋听说安徽休宁人朱升博学多才，就邀请他出山协助自己。初见时，朱升献策"高筑墙，广积粮，缓称王"，建议他积蓄实力，以待时机。听过朱升的详细分析后，朱元璋非常钦佩。在随后一段时间，他就以金陵为中心进行屯田练兵，认真贯彻、执行这一策略，为争夺天下奠定了坚实的基础。

朱元璋也对降将和元朝官员敞开欢迎之门。他早就听闻元朝大臣秦从龙的大名，在听说他在镇江一带隐居时就派遣心腹将领前去寻找并请他出山。秦从龙被带到金陵后，朱元璋对他毕恭毕敬，言必称"先生"，大小事情都认真听取秦从龙的建议。有了秦从龙这位具有丰富政治经验的人辅佐，朱元璋争夺天下的谋划更加切实可行。

他不仅对投奔自己的汉人人才双手欢迎，对元朝的蒙古人、色目人也一视同仁。他曾经多次表示："有才能的人只要忠心为我做事，那就平等待之。"就这样，在朱元璋诚请天下豪杰的政策下，团队骨干力量很快得到充实。

正是在这些文人、良将的忠心辅佐下，朱元璋才能放开手脚招募士兵、扩大实力，在残酷的元末战争中越战越强，将一支不起眼的农民起义队伍锻造成无往而不胜的铁军劲旅。终于，朱元璋带领的团队在残酷的元末混战中打败了诸多对手，开创了一个新的时代——大明王朝。

戚继光：选人、创新缺一不可

> 优秀的团队带头人要学会挑选需要的队友，还要懂得培训技巧，带领大家用有创新性的工作方法取得实际成效。

明朝嘉靖年间，我国东南沿海地区总被倭寇侵扰。他们烧杀抢掠，无恶不作，当地官兵因军备废弛，战斗力低下而经常落败。后来，戚继光被调到东南地区负责剿灭倭寇。

戚继光从小熟读兵书，武艺高强，十七岁就世袭了登州卫指挥佥事的职位，也有着一颗忠心报国的热忱之心。因此他积极服从朝廷安排，带兵驻防戍边。几年之后，戚继光升职为都指挥佥事，管理登州、文登和即墨的二十多个卫所，之后被调往东南沿海清除倭寇。身为浙江都司佥事的戚继光在总督胡宗宪的支持下开始了与倭寇作战的生涯。

他看到浙江沿海卫所军备废弛，战斗力低下，经过详细调研，他提出了编练新兵的建议，并递交给上司胡宗宪。他的提议得到胡宗宪的支持，并给他划拨了三千名士兵。这些士兵中既有憨厚老实的农家子弟，也有油嘴滑舌的无业游民以及无赖泼皮，训练效果很不理想。但即使是这样，仍然取得了比以往都好的作战成绩。

戚继光对此仍不满意，他认真总结经验教训后，再一次提出编练新兵的建议，并明确表示要亲自把关新兵征集事宜，对招兵标准也提出了具体要求，即优先录用长期从事农活且踏实勤劳的农家子弟。**聪明的戚继光抓住了组建团队的第一关——选人关。**他认为，军队是以行军作战取得胜利为宗旨的，那些吃不得苦或者油滑胆怯的人无法胜任这份职业，只有那些勇敢、能吃苦、懂得服从的人才符合他的要求。

戚继光偶然间发现浙江义乌地区的矿工与当地民众经常发生冲突，矿工的战斗力明显强于农民，因此，他把征兵的目标首先放在了这个地区的矿工身上。在义乌官府的支持下，戚继光很快就选好了三千多人的新兵，将他们带回大营进行改良版的军事训练。他针对倭寇善用长刀的特点开发出一系列的克制对方的兵器和战斗技巧，包括最为著名的"鸳鸯阵法"。

戚继光将士兵编列为一个个作战小队，每个小队有十二个人，包括一名队长、四名长枪手、两名短兵手、两名盾牌手、两名狼筅手和一名伙夫。每一个小队就是一个独立的鸳鸯小阵。小队中既有长兵器，也有短兵器，还有防御武器以及可以投掷的长矛等，长短兼备，攻防兼具。

在训练中，戚继光虽然教授士兵武艺，但是反对以往军中流行的突出个人武艺高强、个人英雄主义的思想，着重强调团队配合精神，要求每个小队以整体的形式与敌人作战，多个小队组成更大的团队与敌交战。如果小队中有士兵胆怯逃跑，那么不仅要处罚这个士兵，还要对小队长及其他成员一并责罚，以此提高团队精神和配合能力。在一次剿灭倭寇的战斗中，戚继光命令一些小队对固守在桥头的敌人发起进攻。最初的两个小队全军覆没，面对这种境况，第三个小队出现了胆怯后退的迹象。在后方督战的戚继光看到后命人处死了小队长，接着命令后备小队继续上前进攻。最终他们咬牙坚持，啃下了这块硬骨头，取得了全歼敌人的胜利。

戚继光率军经过多年的战斗，终于将祸害大明沿海多年的倭寇贼子清剿干净。他本来在大明军队中默默无名，但是他积极作战，善于思考，而且能针对敌人的弱点制定出相应的克制之法，取得了一场场胜利，也得到了上至皇帝、总督，下至普通士兵的一致称赞。更难得的是，戚继光还善于将军事经验和技巧上升为理论，他所著兵书《纪效新书》《练兵实纪》流传后世，他是大家公认的明朝杰出的军事家和民族英雄。

无论从事哪一个行业都可能遇到重重难题和不理想的环境，但普通打工人和大师级优秀高管之间的区别就在于后者能积极面对现实，寻找解决方法并加以实施，还能从中提炼出心得，使之上升为具有普遍性的道理。

福特：创新管理模式，降维打击竞争对手

先进的科技、人性化的管理模式、为消费者提供物美价廉的产品和服务是企业立于不败之地的有力法宝。

亨利·福特是爱尔兰裔美国人，他出生于 1863 年，是家中的老大。从小就对机械感兴趣的他没少折腾家里边的各种机械装置。他虽然没有上过大学，但靠着自学和刻苦努力，成为一名技艺精湛的蒸汽机设计师。后来，他在底特律讨生活，靠着精湛的机械维修技术成为当时著名的爱迪生照明公司的技术员，不久之后就一路高升为总工程师。

当时，汽车的雏形在美国刚刚出现，亨利·福特也对这种新生事物颇感兴趣，工作之余，他竟然自己造出了一辆汽车。后来，雄

心万丈的他辞掉了工作，与人合伙成立了一家汽车制造公司，可惜失败了。几年之后，亨利·福特又与其他人合伙成立了新的汽车制造公司，公司名称就是"福特"，由他担任总经理职位。公司当年就生产出一款A型汽车，受到了市场的欢迎。在接下来的几年中，他又陆续推出了B型车、C型车等车，市场反响也都不错。但是这些汽车和其他厂家的产品一样，都是有钱人的玩具，价格较贵，不是普通人能消费得起的。

打过工、吃过苦的福特很了解美国普通民众，他们也希望用上先进的东西，可惜价格让他们望而却步。因此，福特反复调研和设计，最终造出一款跨时代的产品——T型车。在他的理念中，为汽车去掉一切不必要的配饰，将价格降到最低，让普通人也能购买，那么，市场就会广阔很多。T型车上市的价格为八百多美元，比那些动辄几千美元的汽车便宜了很多，所以受到极大的追捧，仅仅两个多月，T型车就全部售完，但仍然不断有经销商要求订货。

福特T型车在短时间内就风靡全世界，且在十九年的时间中，共计销售了一千五百多万辆，足足占据了当时汽车市场销量的一半。后来，随着流水线的应用和成本的下降，这款汽车的价格降到了二百多美元。这也就意味着日工资五美元的福特员工仅两个多月就能购买一辆汽车。这种物美价廉的汽车在当时有着巨大的竞争优势，成为无数工薪家庭拥有的第一辆汽车。

　　福特靠 T 型车一炮打响，成为举世闻名的汽车大王。在这成功的背后还有一个更大的变革。福特率先在企业内部运用流水线式生产方法，使生产效率飞速提高，降低了生产成本，这就是"福特制"模式。这来源于福特一个偶然的发现。有一次，他在屠宰场中看到工人采用分工合作的方式将牲畜屠宰分割，效率很高。他认为，屠宰牲畜可以用流水线式的方式进行，那么制造汽车也同样可以。随即他便召集公司的工程师开始进行研究。1914 年，世界上第一条汽车生产流水线诞生了，使生产一辆汽车的时间从以前的几百个小时下降到了两个小时。随后，福特带领工程师们不断对流水线进行优化，效率越来越高。到了二十世纪二十年代中期，福特的工厂生产一辆汽车耗时仅十秒钟。这种大规模流水线组装汽车的模式也为福特公司抢占市场提供了有力支撑。

　　亨利·福特凭借这两个法宝成为美国顶级富豪，他的企业管理模式也被无数企业效仿，掀起了企业管理模式革命，推动了社会生产力的发展。福特的这个看似不经意的管理方法带来了难以计数的经济收益，这种以先进技术和管理模式为大众提供物美价廉的商品的理念也成为无数商业人士遵循的原则。

任正非：使部下成为英雄，自己就是领袖

再足智多谋的将军也带不动一群弱兵。想让卓越的领导力发挥作用，前提是要拥有一支能力过硬的队伍，而这时候，人才培养和提拔就显得尤为重要。

帝王对功高的臣子多有忌惮，领导对超群的下属暗中打压，这都源于他们的不自信和格局小。在华为掌舵者任正非看来，部下越出色，他越放心，部下越能干，他越省力。因此任正非自创立华为以来，一直在不遗余力地培养人才、提拔能者，实实在在地把华为打造成一块滋养人才的肥沃土壤。任正非的人才管理理念总结起来不外乎三个字：抢、炼、奖。

技术和人才是企业长盛不衰的必要条件。在全球人才争夺战

中，任正非拿出十二分诚意高调抢人，不分国籍、性别、年龄，只要你有真本事，都是任正非抢夺的目标。除了常规的国内外招聘，任正非还发明了一种别具一格的抢人方式——于2019年启动"天才少年"招募计划，通过砸钱的手段吸纳全球天才少年。目前，华为已经吸纳奇才约二十人，其中有几人的年薪超过了两百万元。

任正非锻炼人才的方式简单有效，包括三个步骤：扔下去、提上来、往前推。任正非从来不会把经验少的人提拔到高位，而是先将其派到一线去反复锤炼。一个新招进华为的普通员工在两三年内如果表现优异，就会被调往其他基层岗位继续锻炼，等他再做出成绩后就被逐步提拔，根据其能力被委以适当的任务，以做到岗位、职责、能力相匹配。

在此过程中，华为还为他们提供多种职业培训项目以帮助他们成长。当这个人的能力越来越突出，任正非就会毫不犹豫地给予其更大的发展空间，将他推到引领公司业务发展的位置。公司由这些经过千锤百炼的专家型实战人才带着往前跑，任正非非常放心。在这种培养模式下，华为涌现出许多领军型人才，在通信科技产品领域始终遥遥领先于国际同行。值得一提的是，在这种人才培养模式下，华为的每一位员工都是潜在的专家型人才，整个公司在无形之中成为一所极具实践性的高科技人才培养公司，人才综合竞争力远远强于竞争对手。

俗话说："要想马儿跑，就要马儿吃得饱。"华为工作节奏快、工作强度高、任务难度大，但员工敢打敢冲。这背后离不开任正非一手制定的非常具有吸引力的奖励制度。任正非曾说过"华为之所以能成功，就是因为钱分得好"这样的话。这句话看似平淡无奇，但为了实践这句话，任正非着实下了一番功夫。

技术员出身的他深刻明白：利益分配是一种契合人性需求的事情，只有将金钱、权力、荣誉等恰当分配，才能最大限度减少内耗，提高下属的工作积极性。华为实施的是员工持股制度，华为给予员工的薪酬本身已经超越了行业的平均水平，已经具有相当的吸引力了，但任正非又将公司的股权分配给员工，满足一定条件的员工都有权持有公司股份，公司每年根据利润进行分红。华为牢牢地将员工利益与公司发展绑定在一起。要想多分红，就要努力工作，这个道理浅显易懂，不用任正非鞭策，下属们也会积极热情地投入工作中。

当然，华为分配的股权是虚拟股，只有分红权而没有所有权。即便如此，持股员工每年仅分红收入就很可观，令业内同行非常羡慕。这也实实在在地增强了华为在打工人心中的吸引力。很少有老板能看透利益分红这件事，一般都是平常说得叫天响，实际落实时却令人失望。而任正非不仅看到了，还实实在在地做到了，而且做到令人喜出望外的程度，这自然达到了"散钱财，聚人心"的效果。

此外，任正非还利用权力分配来激励员工。每一个企业在从无到有、从小到大的发展过程中，必然面临着权力分配的现实问题。任正非从华为成立的那一刻起就坚持在公司内进行放权、授权，并制定了一套授权规则，连一线员工都能够根据市场实际情况做出相应的决策。任正非一直坚持"让听得见炮声的人做决策"，这样做既能提高华为的工作效率，满足客户的合理需求，也能让在一线奔波的人体会到被上级尊重和重视的荣誉感。

任正非不仅对基层员工适当授权，对高层更是如此。他很早就创立了轮值CEO制度——由公司内重要高层轮流担任一把手，在任期内全权负责公司的经营决策。这种方式极大地避免了由一人长期担任CEO带来的种种弊端，也在无形中储备了一批有实践经验的CEO候选人，满足了公司规模不断扩大时对高级人才的需求；既给予了下属荣誉，又增加了他们的责任感，还使公司发展战略减少出错的情况，可谓一举多得。

钱、权分配好了，接下来就是荣誉激励。在任正非的指导下，华为精心设计了100多种奖项，如"天道酬勤奖""竞争优胜奖""明日之星奖"等，每年都会举行公司表彰会，对优秀员工和团队进行表彰，并现场给予他们隆重的祝贺和真诚的祝福，极大地满足了员工们渴望被认可、被尊重的心理，增强了他们对华为的归属感。

任正非的团队激励理念看似简单，实则很少有企业能模仿。这

—团队激励理念的关键在于让员工共享公司发展的红利，给予员工充分的尊重和认可，同时将他们锤炼成一个个干将，尽情地在华为的舞台上发挥才能，而任正非则在台下为大家鼓掌喝彩。

第七章

成事：心上磨、事上练，
学会布局，顶峰相见

朱棣：果敢勇毅，
关键时刻选择"富贵险中求"

很多人都希望自己能抓住难得的机遇，"放手一搏，单车变宝马"，改变自己的人生，但是在拼搏之前要进行精密的筹划，做好风险预期管理，才能提高成功概率。

朱棣是一个从藩王逆袭成为一国之君，将明朝带入巅峰时期的大人物。当帝座上的人从孱弱的建文帝换成彪悍的永乐皇帝朱棣后，大明王朝就开始了逆风翻盘之势。在腥风血雨的帝位之争中，朱棣靠着果敢勇毅、过人机智和雷霆魄力，在"富贵险中求"的豪赌中一步步化险为夷，逆风翻盘，开启了盛极一时的永乐王朝。难怪朱元璋曾经无数次赞誉他，称其果敢勇毅的一面最像自己。

起初，朱棣在皇室中的地位并不高，但由于天资奇特，文武双全，终于在众兄弟中脱颖而出，成为令父皇朱元璋刮目相看的儿子。随着日后在北平、南京等地任职的经历，他的政治经验和人脉关系与日俱增。此外，朱棣的妻室高氏家族，是明朝的开国功臣，这也成为他政治之路上不可或缺的坚强后盾。

皇孙朱允炆继承皇位后，大明江山处于四面楚歌中；漠北的北元残余势力对朝廷虎视眈眈；内部的朱氏诸侯也各存异心，对内自立，其中，"带甲八万，革车六千"的皇十七子朱权驻扎大同，朱棣也统领着十万大军，实力非凡。

面对内忧外患的动荡局势，朱允炆惶惑不安，文弱的他毫无制衡这些皇叔们的实力，他始终觉得皇叔们是自己帝位的最大威胁，是不可不除的心腹之患。

为了剪除日益强大的诸侯势力，建文帝朱允炆采取削藩之策，想要彻底斩断皇叔们的羽翼。从 1399 年 4 月开始，建文帝朱允炆先后废黜了五位皇叔，诸王有的自焚，有的被贬为庶民。随着矛盾的激化，朱棣与朱允炆之间的明争暗斗也变得日益激烈。

眼看朱允炆打压诸王的大网已经罩在了自己的身上，处变不惊的朱棣做了两手准备，他先是以装疯卖傻伪装自己，傻态百出，连监视他的人都信以为真。就在人们放松警惕之际，朱棣却暗中争取时间，厉兵秣马，蓄势待发。

　　然而，由于被叛徒出卖，朱棣装疯避祸的计策暴露。眼看危在旦夕，急中生智的朱棣打算破釜沉舟，冒险起兵夺权，置之死地而后生。但是，朱棣很清楚，这是一条"只可成功，不许失败"的不归路。因为，朱棣当时虽然拥兵十万，但是以此对抗朝廷的百万铁甲大军，胜利的希望不大。面对如此悬殊的实力，没有果敢和勇毅，实难大刀阔斧劈开一条生路。然而，为了救自己于水深火热之中，不甘雌伏的朱棣决定铤而走险，放手一搏。

　　1399 年 7 月，朱棣正式开始他人生中最大的一场豪赌——起兵夺权。在他起兵之初，朝廷整合全部优势兵力整装待发，准备将他统领的燕军一举围歼。善于因势利导的朱棣非常清楚自己的处境，于是他决定先解决后方的问题。经过一番缜密的作战规划，他决定采取内线作战，以迅雷不及掩耳之势，扫平北平周边，以便能以安定的外围局势应对朝廷的百万之师。

　　朱允炆这边则派近古稀的老将耿炳文为大将军，率军征讨朱棣。善用兵法的朱棣当然不愿意拿全部兵力和朝廷的大军硬碰硬，朱棣深知，与其以卵击石，不如进行奇袭。于是，趁禁军不备之际，朱棣率军打了一场漂亮的伏击战，击退了耿炳文的军队。与此同时，他还双管齐下，收编了一部分其他军队，作战实力与日俱增。

　　振奋的士气，加上出色的统帅能力，朱棣的军队所向披靡。在与朝廷的另一位将领李景隆的会战中，朱棣利用南军不适应严寒的弱点，对其发起进攻，一番左右夹击，用兵如神的朱棣突破了南军七营，李景隆被打得落花流水，仓皇之际扔掉六十万大军逃回南京。至此，朱棣的影响力越来越势不可挡。

虽然朱棣屡战屡胜，但朱棣知道，越是耗战，越容易损兵折将，这样下去无异于自伤元气。就在这时，传来了南京城名存实亡的情报。于是在这种情势下，朱棣再次铤而走险，避实就虚，直接率兵南下，跃过山东，很快就长驱直入打入京城。朱棣在文武百官的拥戴下实现了坐拥天下的皇图霸业。

奇袭南京，成功破局，朱棣一跃成为皇帝，而朱允炆落败身亡。这两者之间差的不只是至高无上的皇权，更是一种置之死地而后生的果敢勇毅，以及富贵险中求的魄力。**看来朱棣在被动的绝境中铤而走险的奇袭，以及变颓势为优势的奇招，并不是简单的纸上谈兵。**

康熙：少年大志，
一步一步搬走人生路上的一块块巨石

　　年轻时不要怕自己手中的牌烂，只要你有坚定的意志和积极向上的精神，总会在时间的复利作用下得到翻身的良机，届时就会不鸣则已，一鸣惊人。

　　公元 1661 年的正月的北京城里，年仅二十四岁的顺治皇帝突然病重。由于他正值壮年，还没顾得上考虑接班人就将要走到人生的终点，在几个幼小的孩子中选谁做接班人成了让他百般纠结的问题。最终他接受了心腹大臣——钦天监监正汤若望的建议，选择了得过天花的玄烨做继承人。

　　几天之后，顺治帝驾崩，年幼的玄烨登基为帝，他就是历史上著名的康熙皇帝。遗诏中，顺治为玄烨定下四位辅政大臣——索尼、苏克萨哈、遏必隆和鳌拜。清朝时后宫不得干政，所以朝政大权落到了这四个人的手中。康熙在母亲佟佳氏和奶奶孝庄太后的悉心教导下用心学习。当时的清朝刚刚入主中原不久，政局没有完全稳定下来，内忧外患颇多。谁知两年后，康熙的母亲因病去世，康熙的处境也越发艰难，一个个巨大的困难摆在了他的面前。他心中清楚，只有发挥聪明才智解决这些难题，才能坐稳皇帝这个宝座。

辅政大臣索尼年老体弱，遏必隆比较懦弱，苏克萨哈威望不高难以服众，唯有鳌拜勇武过人，势力强大。因此，鳌拜日渐骄横，开始擅自把持朝政，并在朝廷中大肆安插党羽。日渐长大的康熙皇帝明白，要想真正掌握朝政，必须除掉鳌拜。但是鳌拜是行伍出身，在京城内外有许多心腹将领，如果擅自将其捉拿，极有可能引发叛乱，甚至威胁到清朝的统治。天资聪颖的康熙皇帝知道与鳌拜正面对战毫无胜算，就想了一个巧妙的办法，除掉了这个祸患。

他以自己在宫中感到孤单，想找些同龄人陪伴玩耍为借口，命太监从京城的勋贵家族中寻找与他年龄相仿的孩子，挑选出聪明伶俐、喜好武术的送入宫中，然后将这些孩子分为几队，命令武功高强的侍卫教授他们武艺和军阵之术。不仅如此，他也经常加入队伍一起学习，和这些孩子结下深厚的友谊。这些孩子也对这位少年天子越发尊敬和忠诚。鳌拜等朝中大臣认为这是无关紧要的小事，毕竟皇帝才十来岁，确实需要一些小伙伴的陪伴，便没有过多关注。过了一段时间，这些孩子们的军阵合击之术已经非常娴熟了，成为康熙皇帝的少年侍卫。

康熙皇帝登基六年后才开始亲政。不久之后，年老体弱的索尼因病去世，剩下的三个辅政大臣并未真正将权力交还给康熙皇帝，而是继续我行我素。其中尤以鳌拜最为嚣张，如今的他尝到了权力的滋味，已经从一个忠心耿耿、南征北战的铁血将军变成了贪权贪财、结党营私的人。康熙皇帝决定先从实力较弱的苏克萨哈下手。他找了苏克萨哈的一些错误，以"蔑视主上"这一重罪免去了苏克萨哈的官职。令康熙皇帝想不到的是，鳌拜与苏克萨哈有些过节，他趁机给苏克萨哈加了些其他罪名，康熙皇帝为了稳住鳌拜，并没有对他的越权行为表示不满，这令鳌拜更加得意忘形。

不久之后，鳌拜在只身进宫向康熙皇帝汇报工作时，被早已埋伏好的少年侍卫团团围住，他们以军阵合围搏击之术将鳌拜拿下。随即，康熙皇帝颁布诏书，以结党营私、祸乱国政等罪名将鳌拜革职查办。后来，康熙皇帝顾念鳌拜为国家立下过赫赫功勋，便只是将他圈禁起来，诛杀其党羽，使其再也没有翻身的机会。擒下鳌拜之后，康熙皇帝就开始处理处于孤立无援境地的遏必隆，认为他虽然没有大肆培养党羽，但是也没有劝阻鳌拜祸乱朝政，辜负了先帝之托，将他赶出朝堂。

　　至此，筹谋已久的康熙皇帝以干脆利落的手段接连除掉了执政路上的三大障碍，开始了亲理朝政的岁月。随后，他又以高超的政治谋略和灵活多变的手腕平定了三藩，收复了台湾，击退了沙皇俄国的侵略等，成为一代雄主。康熙皇帝登基时间虽早，但开局并非顺风顺水，反而经历了诸多磨难。但是他并没有退缩，而是以莫大的勇气和聪明才智除掉了政坛老狐狸鳌拜等人，成功开创了新局面。

林肯：谦虚和坚守，赢得底层大众的支持

> 老老实实做人，踏踏实实做事。这句话朴实无华，却是取得辉煌业绩，赢得人们尊敬的最佳方式。

林肯是美国历史上罕见的平民总统。他没有上过大学，也没有强大的家族势力支持，却能成为美国第十六任总统，这得益于他出众的个人品质和渊博的学识。

1809 年 2 月，林肯出生于肯塔基州哈丁县。林肯十岁时，母亲因病去世，他在父亲和继母的悉心呵护下快乐成长。受家里条件影响，林肯并没有受到多少正规教育，但他有强大的自学能力。他在繁重的工作间隙读书看报，学到很多知识。这种工读生活他一直坚持到成年之后。

二十一岁时，林肯前往伊利诺伊州生活，在那里的一个小镇上，他找到一份店员的工作。工作期间，他非常认真负责，待人也热情诚恳，每天都将店里打扫得干干净净。虽然他的收入十分微薄，但从来没有动过歪脑筋，更不会在售卖商品时弄虚作假，不久，他诚实正直的品格就赢得了小镇上人们的赞赏。

这一优良品行伴随了他一生，也成为他日后从政时的重要加分项。当时美国法律不健全，很多人为了利益而花招百出，已成为一种社会普遍现象。年轻的林肯却以一副踏实肯干的老实人形象出现，顿时赢得了身边人的好感。虽然林肯一生都没有发过大财，但他的朋友却不计其数。这些人了解他的品格，也相信他能为大众、为国家秉公行事，因此他们日后成为林肯竞选议员和总统时的忠诚拥趸。

第二年，林肯离开了这家店，又去寻找其他生活门路。恰逢当地的选举时期，一个投票站的负责人一直在为人手不够而苦恼，他看到又瘦又高的林肯路过投票站，就随口问了一句："嗨！小伙子，会写字吗？"

林肯停下脚步看了看对方，用尊敬的语气说："您好，先生，我会写一些字。"

负责人看了他写的字后就问他："你愿意做这个投票站的工作人员吗？"

林肯听后非常高兴，说道："非常感谢您给我这个机会，我非常愿意接受这份工作。"

就这样，林肯开始了新的工作，这也是他接触政治的起点。做过店员的林肯严格按照投票站的规定做事，工作内容虽然有些烦琐，但他做得又快又好，没出现过任何纰漏。几天之后，投票工作结束了，林肯受到上司和同事们的称赞，他也借此初步熟悉了竞选、投票等事情。

此后，林肯一边打工维持生计，一边积极参与各种政治活动。1832 年，他第一次参加了州议员的竞选，虽然落选了，但这在意料之中。林肯毫不气馁，再次参加竞选，这次一举成功，且连续三届被选为州议员。多年之后，已经成为律师的林肯又开始竞选国会众议员，并于 1846 年成功当选。林肯无论从事何种工作，从来没有改变自己做人、做事的标准，正是这一点，使他受到越来越多的人的欢迎。

普普通通的穷小伙子从不投机取巧，凭借踏实做事、诚恳待人的"笨功夫"赢得了大众的认可。那些看似不起眼的普通百姓也成了他从政之路上最大的臂助。林肯是一个真正领会了以德服人之精髓的政治家。

艾森豪威尔：善于协调利益关系，机会自然来敲门

在一个组织中，大老板最为倚重的往往不是专业能力拔尖的人，而是既懂专业又善于协调各方利益关系，善于运筹帷幄的组织型人才。在他们眼里，这样的人才是确保组织长盛不衰的"关键先生"。

在第二次世界大战中，出现了许多的名将和人才，担任欧洲盟军最高统帅的艾森豪威尔的军事指挥能力虽然并不是顶尖的，但他既能使唤得动那些骄兵悍将，也能将拥有不同文化背景的各国军队组合成一个整体，并带领军队屡建奇功。他在军事、外交方面的协调和组织能力得到了盟国领导人的一致认同，以至于他在战后还成

功竞选为美国总统，使自己的人生从一个巅峰走向另一个巅峰。

艾森豪威尔出生于一个普通的美国家庭，家中经济条件并不宽裕。所以他选择了到免学费的西点军校求学，以减轻家中的负担。成绩中上等的艾森豪威尔文质彬彬，有着绅士般的风度和温和宽厚的性格，且善于与不同性格的人打交道，还和脾气暴躁的巴顿成为好友。

机缘巧合下，艾森豪威尔先后在约翰·潘兴将军、道格拉斯·麦克阿瑟将军以及乔治·马歇尔将军手下工作。他极高的工作效率和事务处理能力给这些将军们留下了深刻的印象，使他们对他另眼看待，且尤其看中他在战略规划以及与社会各界交往方面的能力。

二战开始之后，这些著名将领成为美国军界的巨头，对艾森豪威尔自身的发展也有着举足轻重的影响。靠着自己的努力，艾森豪威尔没用多少时间就从步兵团负责人升为集团军参谋长。这段时期他为了训练部队，在第三集团军内部开展了一系列大规模军事演习。这些演习贴近实战，成效很好，得到已经担任陆军参谋长的马歇尔将军的欣赏。

1942年，艾森豪威尔被马歇尔将军任命为作战部部长。随后，美国决定在英国投入大量作战部队，以协同英国应对德国的进攻，并寻找机会登陆欧洲。马歇尔将军决定任命艾森豪威尔担任这支美军的司令。艾森豪威尔走马上任后，不但将军队事务处理得井井有条，还特别擅长与社会公众交往，宣传美军的良好形象。他常常主动与传媒界合作，用各种方式宣传盟军的各种优势以及盟国之间的合作，多次在公共场合赞美美国与英国之间的盟国友谊，为两国之间的友好合作付出了巨大的努力。

艾森豪威尔担任盟军总司令后，他充分考虑到各个盟国的不同文化背景及将领们的性格特点，尽力以求同存异的方式协调各国将领作战。起初，英国著名将军蒙哥马利对艾森豪威尔很不服气，认为他的指挥作战水平不一定比自己强，在日常相处中也经常不尊重他。但是艾森豪威尔对此毫不在意，而是寻找机会主动与蒙哥马利交流。艾森豪威尔也秉承着公平公正的原则来协调各方在作战方面的诉求，逐渐赢得各国将领的认同。

当时，巴顿已经成为著名的将军，但他有些鲁莽的性格经常为他招来盟军和同僚的批评。而且，在作战中，巴顿也会擅自行事。这时，艾森豪威尔就会毫不客气地指出他的问题，并指派给他合适的任务。可以说，在整个盟军体系内，巴顿将军钦佩的人寥寥无几，而艾森豪威尔就是其中之一。

正是在艾森豪威尔的精心组织下，盟军成功实施了的登陆战役，解放了法国，攻入了德国境内，最终取得了二战的胜利，他的个人声望也达到了一个前所未有的高度。这让他在退出军界参加总统竞选时，毫无悬念地当选，成为美国第三十四任总统。四年之后，他再次竞选，依然以高票得胜，成功连任。

专业能力强，且善于协调各方利益，懂得维护公共关系，这样的人很容易获得人们的好感和支持。如此看来，学会善于协调各方利益关系，让朋友变多，机会自然就多了。

斯普鲁恩斯：把功劳让给下属，
反而赢得更多拥护

　　职场如同战场，既要懂得向上争取，还要懂得向下让利。"水能载舟，亦能覆舟"，下属可以成就领导，也可以毁灭领导，适当让利给下属，前途会更加光明。

　　第二次世界大战规模大、波及范围广，约六十个国家和地区被卷入战争。这场战争中涌现出许多优秀将领，例如苏联元帅朱可夫、美国五星上将艾森豪威尔、英国陆军元帅蒙哥马利、美国海军名将尼米兹等。尼米兹手下有一位战绩卓越的上将，他是太平洋战争中的传奇人物，曾在太平洋战场上多次重创日军，扭转了局势，他就是雷蒙德·阿姆斯·斯普鲁恩斯。

作为著名的中途岛战役、马里亚纳海战的指挥官，斯普鲁恩斯这个名字给大众的印象并不深刻，这与斯普鲁恩斯低调、不邀功的行事风格有很大关系。

斯普鲁恩斯是一个能力出众但低调寡言的人。他在职场的晋升速度很快，二十二岁就成为海军少尉，不到三十岁就升任中校，二战前被晋升为海军少将。1941年，他成为美国海军名将哈尔西的搭档，哈尔西号称"蛮牛"，作战骁勇，在二战期间屡立战功，是美国人民心目中的英雄。与这位流量型将军相比，斯普鲁恩斯的名字显得格外不起眼。

日军偷袭珍珠港后，太平洋战场陷入胶着状态，哈尔西在关键时刻不幸患病，他向时任美国太平洋舰队总司令的尼米兹推荐了斯普鲁恩斯。斯普鲁恩斯终于迎来事业的高光时刻，一连干了几件非常高调的事情。

作为中途岛战役的指挥官，他在这场战役中做了三个重要决定：第一个是当机立断，冒险发起主动攻击，击垮了日军前锋队的核心力量，战争优势开始向美国偏移；第二个是力排众议，冷静调转船舰航向，拒绝在夜间与敌人近距离接触，成功避开了敌人精心策划的陷阱，为美国海军保存了力量；第三个是见好就收，果断撤离战场，让敌人的引诱泡了汤。这三个决定让美军在这场战役中大获全胜，成功挫败了日本舰队的士气。

斯普鲁恩斯在战役中的表现获得了尼米兹的赏识，认为斯普鲁恩斯是美国海军舰队的智慧担当，于是提拔他做了自己的参谋长。在接下来的一段时间内，斯普鲁恩斯一直为尼米兹出谋划策，多次重击日军。

1943 年，斯普鲁恩斯被任命为太平洋舰队司令，再次展示了非凡的指挥才能。他率领十几艘航空母舰和多艘战列舰，与日军进行正面对抗。美军在斯普鲁恩斯的指挥下迅速登陆塞班岛，攻下关岛，击落日军数百架战机，捣毁日军多艘战舰，并让日军的航空母舰成为空壳，彻底失去战斗力。不过，这场战役斯普鲁恩斯打得很谨慎，以致没有歼灭全部敌军，引起哈尔西等人的不满。

在接下来的莱特湾海战中，指挥官哈尔西本想给过于谨慎的斯普鲁恩斯打个样，结果因为急功近利，导致美军在拥有绝对优势的情况下败给日军。斯普鲁恩斯虽然没有参与这场战役，但是在指挥室分析海图时，他十分淡定地告诉尼米兹："如果舰队停靠在圣贝纳迪诺海峡口，我们就能取得胜利。"事实证明，与哈尔西的急躁相比，斯普鲁恩斯的沉稳更胜一筹。战役结束后，哈尔西沮丧地对斯普鲁恩斯说："这场战役应该由你来指挥。"

冲绳岛战役前夕，负责指挥空军的米切尔将军问斯普鲁恩斯："战争已经到了尾声，这一战你和我谁去？"斯普鲁恩斯明白，如果不出意外，这次战斗将是战列舰与敌人的最后一次较量，作为战列舰指挥官，斯普鲁恩斯应该借此机会大展身手，名扬世界。可是经过一番深思熟虑后，他认为此次战役采用空袭方式损失更小，于是便把表现的机会让给了米切尔。最终，米切尔的战机将日本的最后一艘战列舰击沉，至此，太平洋海战拉上了帷幕。

虽然斯普鲁恩斯多次凭借谨慎的指挥在海战中取得胜利，但他从不居功自傲，甚至在关键时刻把功劳让给部下，赢得了大家的拥护和赞赏。斯普鲁恩斯一直很低调，哪怕记者们踏破门槛想请他讲一讲战场上的惊险时刻，他也毫不留情地将其"轰走"，给记者们留下了冷酷刻板的印象。由于没有媒体广泛宣传他的战绩和人品，他在公众心目中的热度相对较低。不过，凡是与他共事过，或者对他有所了解的人，都对他的军事才干和人品竖大拇指，尼米兹就曾评价他是"海军上将中的上将"。美国官方对他评价很高，将二十世纪七十年代建造的一种大型导弹驱逐舰命名为"斯普鲁恩斯级驱逐舰"，并于他去世后的第三十二年追授他为"海军五星上将"，在美国历史上获此殊荣的只有十位将军。

斯普鲁恩斯的"让利智慧"在生活、职场及市场竞争中都十分适用，它能让我们获得更多人的支持。比如在职场中，领导要适当地把表现机会让给下属，或者把功劳归于下属，这样做既能提升领导的魅力值，也可以增强大家的精神归属感，增加团队的凝聚力和战斗力。

乔布斯：商海也需要有些偏执的人

创新产品需要超强的创造力和对产品的极致追求，有时，看似偏执的做法往往会推动商业乃至社会进步。

苹果公司创始人乔布斯是一个固执的人，他对自己旗下的每一款产品都近乎偏执地追求完美，甚至要求下属以创作艺术品的态度设计产品。为此，他常常同管理层、投资人发生争执，甚至还经历过被自己创立的公司扫地出门之事。即使如此，他仍然没有妥协，转身又创立了一家震惊业界的公司。

乔布斯在 1955 年 2 月出生，成长于一个收养家庭。大学期间他突然决定休学，去一家名为雅达利的电视游戏机公司做负责优化电脑游戏程序的工作。这是乔布斯第一次接触正规的 IT 公司。后来乔布斯和好友史蒂夫·沃兹尼亚克一起用积攒的一千多美金创办了一家名为"苹果"的电脑公司，开始了他们的传奇生涯。

他们利用市场上的配件组装出"苹果 I 号"电脑，小赚了一笔。时至今日，一台能正常运行的苹果 I 号电脑已经被炒到数十万美元的天价，被无数收藏家追捧。不久之后，"苹果 II 号"个人电脑面世，受到了市场欢迎。1980 年年底，苹果公司上市，乔布斯成为亿万富翁。但乔布斯对金钱的兴趣不大，上市的更重要的原因是为了筹集公司发展资金，以及给一起创业的小伙伴们丰厚的经济回报。

有了资金支持，乔布斯希望制造出当时最先进、最具创造性的个人电脑产品，但是苹果公司的实力还很弱小，无法承受研发时间长、成本高且市场前景未知等压力。因此公司高管及董事们对乔布斯的决定提出反对意见，但是乔布斯并没有屈服于他们的压力，双方矛盾日趋激烈。没多久，乔布斯就被取消了经营公司的权利，就这样被苹果公司踢出了门。

人们都以为乔布斯会从此消沉下去，没想到他第二年竟然买下著名电影导演卢卡斯旗下公司的电脑动画部门，创立了名为皮克斯的独立制片公司。很快，皮克斯公司就推出一系列震惊全球影视界的电脑动画作品，其中《玩具总动员》获得多项世界大奖。**乔布斯在参与动画制作的过程中，对将技术与艺术结合生产大众消费品产生了浓厚兴趣。**

这时，苹果公司却因经营不善陷入了困顿之中。对苹果公司有着深厚感情的乔布斯重返苹果公司，他也想借此机会实现自己的新目标。重新执掌苹果公司管理大权的乔布斯很快就进行了大刀阔斧的改革。他砍掉了那些附加值低且毫无特色的产品生产线，只保留了几款产品，同时推出了研发新产品和操作系统的规划。

1998 年，苹果公司的新产品 iMac 问世，它以亮丽的外形设计和流畅的操作体验深受大众欢迎。随后，苹果产品的专用操作系统也上市，一个封闭的苹果帝国雏形渐渐形成。乔布斯紧接着又推出iTunes 和 iPad 等新产品，这种极具创新性的影音娱乐工具受到市场的热捧。乔布斯紧接着又将目光投向个人移动电话机上，要求影音、娱乐和通信体验都要冠绝一代。这种苛刻至极的要求将苹果的技术研发专家折磨得痛苦不堪。但乔布斯没有降低标准，他相信自己的判断，也坚守自己的目标。

2007 年，苹果发布了第一代苹果手机。手机刚一问世就因其颠覆式的创新惊呆了所有人，让其他厂商的功能机成为落后的代名词。这款革命性的手机在短时间内就受到全世界消费者的追捧，为苹果公司带来海量的利润，乔布斯也因此一战封神，以往对他的批评和指责都烟消云散。后来，苹果公司又接连推出手机新版本以及平板电脑等新产品，均大获成功。

从乔布斯的经历来看，他的成就，得益于他的大胆创新，将艺术和高品质引入电子产品领域，引领了世界潮流。可以想象，如果没有乔布斯近乎偏执的追求，就没有苹果公司的今天。

贝索斯：长期专注于不会改变的事情

在这个瞬息万变的社会中，以不变应万变既是生存之道，也是处世智慧。把精力集中在不会改变的事情上，并长期坚持、调整策略、高标准执行，终将获得成功。

亚马逊公司曾经只是一家青涩的网络书店，而现在是经营产品包罗万象的电子商务巨头，是全球同行中的佼佼者。亚马逊的成功不是偶然，而是其掌舵者杰夫·贝索斯十年如一日坚守初心的成果。

二十世纪九十年代诞生了第一批电子商务公司，一开始便竞争激烈。在大多数经营者苦思冥想如何应对不断变化的市场需求，争取当下更多的利益时，贝索斯却产生了疑惑。他问自己：未来十年甚至二十年内，什么东西是不会改变的？在他看来，与其花费时间和精力迎合变化，不如集中精力搞好不会改变的事情。从长远来看，这个想法的确更省心。

在贝索斯看来，电子商务这一领域是为消费者服务的，只有始终满足消费者的需求，才能长久。**贝索斯不断思考，通过分析平台数据发现，消费者有三个欲望是不会改变的：产品更多样、配送更迅速、价格更低廉。**于是，他带领亚马逊团队长期专注于这三件事的探索，撸起袖子大搞特搞。

在过去的十几年中，贝索斯一直疯狂投资，不断调整亚马逊的组织架构，一直致力于优化服务体系，并不断提高硬件水平。为了扩大企业经营范围，贝索斯开启收购模式，先后收购了多家在线书店、电子零售商、图书市场、印刷供应商、有声阅读平台等，搭建出一个完整的在线图书市场。贝索斯并不满足于在图书市场弄潮，于是他以类似的方式将经营触角伸向其他行业，如电影、音乐、支付、时尚、食品、云计算、游戏等，逐渐将亚马逊打造成一个包罗万象的商务帝国，满足各行各业、各个年龄段的消费者。

除了丰富产品之外，贝索斯还致力于建立更加完善的物流体系。要想让亚马逊的业务遍布全球，强大的物流支撑是必不可少的。目前亚马逊有三种常见的物流模式：FBA（亚马逊物流服务）、第三方海外仓和自发货。FBA能为消费者提供从仓储到退换货处理的一条龙服务，是亚马逊平台自己的物流系统。第三方海外仓服务于海外客户，为亚马逊降低了不少物流成本。自发货则是卖家以自己的方式负责商品的存储、包装、物流服务，十分灵活便捷。在贝索斯的策划下，亚马逊订单履行中心和分货中心以美国为原点，不断向世界各地辐射，与消费者的距离越来越近，既缩短了交货时间，也为客户提供了高效的物流服务，全面提升了顾客的购物体验。

为了降低成本，贝索斯不断尝试改革，用各种方式平衡成本和盈利。例如完善供应链，亚马逊花费大量时间和资金建立了一个覆盖全球的采购网络，通过大数据比对，为消费者挑选出更物美价廉的产品。作为一个大型电商平台，亚马逊拥有庞大的采购规模，贝索斯利用这一点不断为消费者争取到比其他平台更低的采购价格，而且，卖家的佣金收入及广告收入能够弥补部分平台亏损，让亚马逊拥有宠粉的实力。在科技赋能方面，贝索斯也不遗余力。他不惜投入大量资金，只为开发出更便捷的人工智能和大数据技术，以实现精准分析、精细化管理，达到降低企业成本的目的；在物流系统使用机器人、自动化设备，提升物流系统的工作效率，减少人力投入，降低成本。

这一系列措施使亚马逊在很长一段时间内都没有盈利，贝索斯因此受到不少商界人士的嘲笑。面对周围从未断过的讥讽，贝索斯丝毫不动摇，还经常鼓励团队成员："我们的每一天都是创业的第一天，要时刻保持清醒和激情。"在贝索斯的战略指引下，亚马逊在一片质疑声中日渐成熟、强大起来。二十一世纪初，亚马逊盈利了，熬过了互联网泡沫和全球金融危机，成为全球电子商务巨无霸，贝索斯也因此得到外界的认可和敬佩，跻身世界首富之列。

贝索斯和亚马逊的成功不是偶然。在多数人奋力追逐当下利益时，他为我们指引了另外一个奋斗方向，那就是为自己的未来发展做一个正确的决策框架，并长期、专注地努力。**想在短时间内获得成功并不容易，但长期只为一个目标努力，失败的概率就会降低很多。**比如我们在做职业规划时，只要找到一个正确的目标，并为之努力，相信很快便能迎来成功。再如创业，选好未来几年的奋斗目标后，集中精力从各个方面做好铺垫，并长期坚持，终将迎来成功。